oekom

ClimatePartner°
klimaneutral
Verlag | ID: 128-50040-1010-1082

Dieses Buch wurde klimaneutral hergestellt. CO_2-Emissionen vermeiden, reduzieren, kompensieren – nach diesem Grundsatz handelt der oekom verlag. Unvermeidbare Emissionen kompensiert der Verlag durch Investitionen in ein Gold-Standard-Projekt. Mehr Informationen finden Sie unter www.oekom.de

Bibliografische Information der Deutschen Nationalbibliothek:
Die Deutsche Nationalbibliothek verzeichnet diese Publikation in der Deutschen Nationalbibliografie; detaillierte bibliografische Daten sind im Internet über http://dnb.d-nb.de abrufbar.

7. Auflage, 2014

Gesellschaft für ökologische Kommunikation mbH
Waltherstraße 29, 80337 München

Lektorat: Dr. Manuel Schneider
Umschlaggestaltung: Torge Stoffers, Leipzig
Umschlagillustration: shutterstock.com
Korrektorat: Silvia Stammen
Gestaltung + Satz: Ines Swoboda, oekom verlag
Druck: GGP Media GmbH, Pößneck

Dieses Buch wurde auf FSC®-zertifiziertem Recyclingpapier und auf Papier aus anderen kontrollierten Quellen gedruckt. Circleoffset Premium White, geliefert von Igepagroup, ein Produkt der Arjo Wiggins.

ISBN 978-3-86581-181-3

FSC www.fsc.org
MIX
Papier aus verantwortungsvollen Quellen
FSC® C014496

Niko Paech

Befreiung vom Überfluss

Auf dem Weg in die Postwachstumsökonomie

Einleitung
Wohlstandsdämmerung – Aussicht auf mehr Glück?

Dieses Buch dient einem bescheidenen Zweck. Es soll den Abschied von einem Wohlstandsmodell erleichtern, das aufgrund seiner chronischen Wachstumsabhängigkeit unrettbar geworden ist. Darauf deuten verschiedene Entwicklungen hin, die lange verdrängt wurden. Aktuelle Verschuldungs- und Finanzkrisen, für die keine Lösungen in Sicht sind, stellen uns vor die Frage: Wie viel unseres Reichtums hätte je entstehen können, wenn sich moderne Staaten nicht permanent und mit steigender Tendenz verschuldet hätten? Noch prägnantere Grenzen setzt die Verknappung jener Ressourcen, aus deren schonungsloser Ausbeutung sich das Wirtschaftswachstum bislang speisen konnte, nämlich fossile Rohstoffe, Seltene Erden, Metalle und Flächen.

Mit dem immensen Konsum- und Mobilitätsniveau wuchs im Zuge der Globalisierung zugleich die Abhängigkeit von überregionalen Versorgungsketten und Marktdynamiken. Ohne deren komplexe, faktisch unbeherrschbare Verflechtung wäre die Wohlstandsexpansion nie zu haben gewesen, denn nur so lassen sich die Potenziale der industriellen Arbeitsteilung ausschöpfen. Andererseits liegt darin der Keim für viele Sollbruchstellen. Der zu schwindelerregender Höhe aufgetürmte Wohlstand gleicht einem Kartenhaus, das eine fatale Unvereinbarkeit heraufbeschwört: Zunehmende Fallhöhe trifft auf zunehmende Instabilität. Je höher das Stockwerk, desto tiefer der Fall, wenn alles zusammenstürzt. Und das Fundament bröckelt bereits.

Aber ist das überhaupt eine schlechte Nachricht? Schließlich bräuchte die geschundene Ökosphäre ohnehin dringend eine Verschnaufpause. Die bekommt sie nicht, solange die Wirtschaft weiter wächst. Wird innerhalb eines wachsenden ökonomischen Systems versucht, einen bestimmten ökologischen Schaden zu beheben, entstehen anderswo neue Probleme. Das grandiose Scheitern bisheriger Anstrengungen, ökologische Probleme anstatt durch einen Rückbau des ruinösen Industriemodells mit Hilfe technischer Innovationen zu lösen, ähnelt einer Hydra, der für einen abgeschlagenen Kopf zwei neue nachwachsen. Denn wenn die Schadensbehebung das Wachstum nicht gefährden soll, muss es sich um addierte Maßnahmen oder Objekte handeln, welche die in Geld gehandelte Wertschöpfung, das sogenannte »Bruttoinlandsprodukt« (BIP), hinreichend steigern.

Die seit Jahrzehnten ermüdend diskutierte Feststellung, dass das Bruttoinlandsprodukt kein geeigneter Maßstab für das Wohlergehen moderner Gesellschaften sein kann, ist schlicht eine Verharmlosung. Vielmehr müsste das Bruttoinlandsprodukt als Maß für ökologische Zerstörung betrachtet werden. Enthalten sind darin all jene Leistungen, die als Resultat geldbasierter Arbeitsteilung zustande kommen. Das sind grundsätzlich Dinge, die produziert werden, um sie dann als geldwerte Leistung an jemand anderen zu übertragen. Genau dieser Leistungstransfer kann nicht ökologisch neutral sein. Einen CO_2-neutralen Euro, Dollar oder Yen kann es schon deshalb nicht geben, weil er den Anspruch auf materielle Werte verkörpert.

Worin könnte ein Zuwachs an Nutzen oder Glück letztlich bestehen, der stofflich und energetisch neutral ist, aber dennoch produziert, transportiert und erworben werden muss – und zwar in steigendem Maße, sonst entfiele ja das Wachstum des Bruttoinlandsprodukts? Wie kann der Ursprung für die von einem Individuum empfundene Nutzensteigerung einerseits außerhalb seiner selbst liegen, aber andererseits jeglicher Materiebewegungen und Energieflüsse enthoben sein? Wenn ein Zuwachs an Glücksempfinden tatsächlich rein qualitativer, also vollständig entmaterialisierter Art wäre, könnte seine Quelle nur im Subjekt selbst liegen. Nicht arbeitsteilige Produktion nebst dazu notwendiger Raumüberwindung wäre der Ursprung, sondern die eigene Leistung und Imagination, mit der dem materiell Vorhandenen autonom zusätzliche Befriedigung abgerungen oder neuer Sinn eingehaucht wird.

Aber dieser Vorgang kann weder als monetär zu beziffernde Wertsteigerung ausgedrückt werden, noch ist er kompatibel mit dem, was wir unter Wirtschaft verstehen. Vor allem: Seine Resultate können kaum über eine bestimmte Menge hinauswachsen. Wachsen im ökonomischen Sinn kann also nur das, was mittels Geld und Energie von außen zugeführt werden muss und deshalb nie ohne Zerstörung zu haben ist.

Anstatt die Beziehung zwischen Wachstum und Nachhaltigkeit mit Anspruch auf Vollständigkeit aufzuarbeiten, sind es im Wesentlichen drei Thesen, auf die sich das vorliegende Buch konzentriert.

Erstens: Unser ohne Wachstum nicht zu stabilisierender Wohlstand ist das Resultat einer umfassenden ökologischen Plünderung. Versuche, die vielen materiellen Errungenschaften einer Abfolge von Effizienzfortschritten oder anderweitiger menschlicher Schaffenskraft zuzuschreiben, beruhen auf einer Selbsttäuschung. Dies soll anhand dreier Entgrenzungsvorgänge dargestellt werden, die für das moderne Dasein prägend sind. Demnach leben die Menschen in modernen Konsumgesellschaften auf dreifache Weise über ihre Verhältnisse; sie eignen sich Dinge an, die in keinem Verhältnis zu ihrer eigenen Leistungsfähigkeit stehen. Sie entgrenzen ihren Bedarf erstens von den gegenwärtigen Möglichkeiten, zweitens von den eigenen körperlichen Fähigkeiten und drittens von den lokal oder regional vorhandenen Ressourcen (Kapitel I–III).

Zweitens: Jegliche Anstrengungen, wirtschaftliches Wachstum durch technische Innovationen von ökologischen Schäden zu entkoppeln, sind bestenfalls zum Scheitern verurteilt. In allen anderen Fällen kommt es sogar zu einer Verschlimmbesserung der Umweltsituation (Kapitel IV).

Drittens: Das Alternativprogramm einer Postwachstumsökonomie würde zwar auf eine drastische Reduktion der industriellen Produktion hinauslaufen, aber erstens die ökonomische Stabilität der Versorgung (Resilienz) stärken und zweitens keine Verzichtsleistung darstellen, sondern sogar die Aussicht auf mehr Glück eröffnen (Kapitel VI).

Derzeit verzetteln wir uns in einer reizüberfluteten Konsumsphäre, die unsere knappste Ressource aufzehrt, nämlich Zeit. Durch den Abwurf von Wohlstandsballast hätten wir die Chance, uns auf das Wesentliche zu konzentrieren, statt im Hamsterrad der käuflichen Selbstverwirklichung zusehends Schwindelanfälle zu erleiden. Wenige Dinge intensiver zu nutzen und zu diesem Zweck bestimmte Optionen einfach souverän zu ignorieren, bedeutet weniger Stress und damit mehr Glück. Und überhaupt: Das einzig noch verantwortbare Gestaltungsprinzip für Gesellschaften und Lebensstile im 21. Jahrhundert heißt Reduktion – und zwar verstanden als Befreiung von jenem Überfluss, der nicht nur unser Leben verstopft, sondern unsere Daseinsform so verletzlich macht.

Kapitel I

Über seine Verhältnisse leben – ein vermeintliches Menschenrecht

Um die These zu verstehen, der zufolge sich unser Wohlstand einer umfassenden ökologischen Plünderung verdankt, lohnt sich ein Blick auf die Schuldenkrise in der EU. Bemerkenswert ist die gedankliche Basis, auf welcher die zur Schicksalsfrage stilisierte Rettung Griechenlands und anderer ökonomisch maroder EU-Länder verhandelt wird. Ganz gleich, ob im neoliberalen oder linken Lager, überall dringt dieselbe Logik durch: Die zu unfassbarer Monstrosität gediehenen »Rettungsschirme« seien zwar teuer und ihr Erfolg so ungewiss, dass damit bestenfalls Zeit zu gewinnen sei. Aber das andernfalls drohende Scheitern des Euro sei eben noch teurer und obendrein unsozialer, gerade für ein Land wie Deutschland. Käme es nämlich zur Wiedereinführung der D-Mark, müsste deren Wert wohl ungebremst steigen, währenddessen andere Währungen an Wert verlören. Folglich würden deutsche Exporte erschwert, was eingedenk aller ökonomischen

Rückkoppelungen unweigerlich eine Senkung des Bruttoinlandsproduktes, also der Finanzierbarkeit des derzeitigen Wohlstandsniveaus, bedeutete. In diesem Fall müssten sich deutsche Bürger mit jenem materiellen Wohlstand zufriedengeben, der kraft eines weniger übergreifenden und nicht so beschleunigten Leistungsaustauschs möglich wäre. Wie schrecklich! Gemessen am schwarzmalerischen Lamento amtlicher EU-Lobbyisten müsste Deutschland vor Einführung des Euro eine von allen Außenbeziehungen abgeschiedene, auf einem erbarmungswürdigen Versorgungsniveau dahinvegetierende Armutsökonomie gewesen sein.

Die große Mobilmachung

Verschwiegen wird inmitten der angstgetriebenen Euro-Rettungsdiskussion, wie gut es der Ökosphäre, insbesondere dem Klimaschutz täte, wenn der gnadenlos auf Expansion und Mobilität gebürstete europäische Wirtschaftsraum entschleunigt würde. Nichts drangsaliert die Umwelt Europas harscher als ein mit Engelszungen gepriesenes Integrationsprojekt, das einzig der ungehinderten und umso ruinöseren Raumdurchdringung dient. Die europäische Entwicklungslogik ist von bestechender Schlichtheit: Demnach ist alles einzuebnen, was der Ausdehnung von industrieller und landwirtschaftlicher Produktion, dem Gebäude- und Infrastrukturneubau, bis in die letzte Nische reichenden Schiffs-

und LKW-Transporten sowie einem kerosintriefenden Bildungs-, Projekt- und Party-Nomadentum im Wege sein könnte. Dieser Entgrenzungsprozess mehrt Freiheitsgrade und Optionenvielfalt. Investoren können so jede institutionelle und räumliche Beengtheit überwinden: Eine grenzüberschreitende Abschöpfung betriebswirtschaftlicher Effizienzpotenziale, die in komparativen Kostenunterschieden bestehen, oder die Erschließung entfernt liegender Vermarktungsmöglichkeiten fällt umso leichter, wenn schlicht keine Grenzen, Währungsrisiken, Transportkosten, Planungsträgheiten, hinderlichen Genehmigungspraktiken oder gesetzlichen Disparitäten vorhanden sind. »Harmonisierung« nennt sich so etwas in Sonntagsreden.

Dieser reziproke Quasiimperialismus im Sinne einer gegenseitigen Raumdurchdringung greift auch auf individueller Ebene: Was mir vor Ort nicht zufällt, nicht gelingt, keine Anerkennung einbringt, dem Fortschritt meiner Selbstverwirklichungsansprüche nicht mehr genügt, mich langweilt oder mir mühsame Anpassungsleistungen abverlangt, ist vielleicht an einem anderen Punkt im europäischen (oder globalen) Koordinatensystem leichter zu haben. Genauso wie eine expansive Administration, der es zu eng geworden ist, weil die Ansprüche über das im eigenen Territorium Vorhandene hinausgewachsen sind, muss das mobile Subjekt ständig seinen Aktionsradius erweitern. Das Glück ist immer einen Ortswechsel oder eine Flugreise entfernt – zumindest für jene, die ständig auf der Flucht vor einem beengenden Hier und auf der Suche nach dem verheißungsvollen Dort sind. Obwohl: Vielleicht fliehen moderne Subjekte auch nur vor der inneren Enge ihrer selbst.

Analog zu modernen Unternehmen, die ihre Wertschöpfungsketten in immer spezialisiertere Subprozesse fragmentieren, um diese je nach Kostenvorteil geografisch optimal zu verschieben, werden Lebensstile zu einer Ereigniskette räumlich verteilter Austragungsorte der individuellen Steigerung. Dies betrifft längst nicht mehr nur den Urlaub, sondern auch die Bildung, die soziale Vernetzung, die Fernbeziehung, das politische Engagement, künstlerische Betätigungen, den beruflichen Alltag, das Shopping, sportliche Aktivitäten, jedwede Freizeitgestaltung bis hin zu einem innereuropäischen Party- und Club-Tourismus.

Räumlich entgrenzte Produktionsketten und Lebensstile sind kein Nebeneffekt des europäischen Eifers, sondern dessen intendierte »Harmonisierungs-« und »Integrationsleistung«. Es ist das Ziel eines maximalen Wachstums an Wertschöpfung und individuellen Selbstverwirklichungsoptionen, dem durch immer neue Verwüstungen der Weg gebahnt werden soll. Ein Abbau aller Hemmnisse – etwa in Form kultureller oder institutioneller Vielfalt – sowie massive Subventionen für die nötigen Infrastrukturen forcieren nicht nur die wechselseitige, ökologisch verheerende Raumdurchdringung von Gütern und Personen. Sie erzeugen obendrein den unausweichlichen Druck, sich vorauseilend an die ungehinderte Fluidität anzupassen. Vormals Unerreichbares wird nun zwar möglich, aber nichts ist mehr sicher, denn im planierten Raum interagiert nicht nur alles miteinander, sondern auch gegeneinander. Jedes noch so kleine Unternehmen oder abgelegene Dorf sieht sich gezwungen, für den europäischen (und globalen) Wettbewerb aufzurüsten. Ganz gleich, ob aus defensiven oder offensiven Erwägungen: Vorsorgliche Investitionen in zusätzliche Verkehrsanbindungen, Großprojekte und andere Mobilmachungen sind nun unabdingbar. Die hinlänglich bekannte Konsequenz ist ein materieller Rüstungswettlauf, den langfristig niemand gewinnen kann, weil jeder vorübergehende Vorsprung nur die infrastrukturelle Nachrüstung der Zurückgefallenen vorprogrammiert. Aber ein Verlierer steht auf jeden Fall fest: die Ökosphäre.

Haben jetzt – zahlen später

Das Verschuldungssyndrom liefert ein weiteres Indiz dafür, dass moderner Wohlstand nur durch einen schmalen Grat von institutionalisierter Verantwortungslosigkeit getrennt ist. Wenn sich Produzenten vorübergehend verschulden, um Inputfaktoren für die nächste Planungsperiode vorzufinanzieren, kann dies nur in der Erwartung geschehen, dem Schuldendienst systematisch nachkommen zu können. Andernfalls würde die resultierende Zahlungsunfähigkeit den Betrieb nicht fortbestehen lassen. Ein solches Regulativ scheint für Staaten nicht zu existieren. Schuldenfinanzierte Geschenke auszuschütten kennt prinzipiell keine Obergrenze, insbesondere dann nicht, wenn es gilt, die oben skizzierte Expansionsdynamik durch Subventionen vor Stillstand – einem der Todfeinde des sogenannten Fortschritts – zu bewahren.

Das Haben-jetzt-zahlen-später-Prinzip verkörpert eine Entgrenzung zeitlicher Art. Um sich nicht mit dem zufriedengeben zu müssen, was kraft eigener Leistungen gegenwärtig erreichbar ist, wird der Vorrat an zukünftigen Möglichkeiten geplündert. Es erfolgt ein Vorgriff auf Leistungen, die noch gar nicht erbracht wurden. Das gegenwärtige Verschuldungssyndrom ist nicht nur ein Gradmesser für Gier und Ungeduld, sondern für organisierte Ver*antwort*ungslosigkeit – und zwar im buchstäblichen Sinne: Jene, denen eine *Antwort* auf die Frage nach den Folgen eines gegenwärtigen Lebens über die Verhältnisse zu geben wäre, leben noch nicht. Werden Schulden hinreichend weit in die Zukunft verlagert, schränken sie umso eklatanter Optionen und Freiheitsgrade nachfolgender Generationen ein.

Wie schützen sich aufgeklärte Zeitgenossen vor Gewissensbissen, die ein moralisches Defizit solchen Ausmaßes heraufbeschwören könnte? Indem sie eine geradezu abenteuerliche Paradoxie instrumentalisieren: Der faktischen Zukunftsvergessenheit momentaner Exzesse wird ein quasireligiöser Überbau aufgepfropft, und zwar ausgerechnet in Form einer rituellen Zukunftsbeschwörung. Im Zentrum des resultierenden Glaubenssystems stehen die Innovation und das Wachstum – beides im offiziellen Dienste des Wohlergehens zukünftiger Generationen versteht sich. Erstere soll die ökologischen Folgeschäden und Letzteres die spätere Schuldenlast eindämmen. So lässt sich einfühlsam ein Verantwortungsbewusstsein gegenüber zukünftigen Generationen simulieren.

Auch wenn es gelingt, den Schuldendienst innerhalb eines vorgesehenen Planungshorizonts abzuleisten, anstatt ihn auf die Zukunft abzuwälzen, ist dies nur sinnhaft, wenn wirtschaftliches Wachstum erwartet werden kann. Wer verschuldet sich schon, nur um nach einer vereinbarungsgemäßen Rückzahlung wieder auf das Ausstattungsniveau vor Schuldenaufnahme zurückzufallen oder gar zwischenzeitlich angehäufte Vermögenswerte zu tilgen? Folglich dient Verschuldung – abgesehen von elementaren Notlagen, die aus eigener Kraft nicht zu meistern sind – dem Aufbau eines wie auch immer gearteten Kapitalbestandes, dessen spätere Verwertung einen hinreichenden Überschuss erwarten lässt, sodass über die Schuldentilgung hinaus ein höheres Niveau an materiellen Möglichkeiten erreicht wird. Das gilt nicht minder für die Entwicklung von Humankapital etwa im Falle eines durch Schulden finanzierten Studiums. Auch diese Investition dient nichts anderem als dem späteren Anspruch auf ein höheres Einkommen.

Natürlich könnte die Verschuldung auch allein einer vorübergehenden Konsumsteigerung dienen, etwa der Finanzierung einer achtwöchigen Kreuzfahrt nach Lateinamerika. Dies setzt entweder voraus, auf hinreichendes Einkommenswachstum vertrauen zu können oder den Schuldendienst durch späteren Konsumverzicht bzw. Vermögensveräußerung zu finanzieren. Aber wie attraktiv und dementsprechend wahrscheinlich wäre die letztgenannte Alternative? Wer kostet gegenwärtige Ausschweifungen in dem Bewusstsein aus, diese später mit entsprechend schmerzhafter Entbehrung wieder ausgleichen zu müssen? Ein derartiges Nullsummenspiel würde der zeitgenössischen Fortschrittslogik eklatant zuwiderlaufen. Schlimmer noch: Es ergäbe sich sogar ein Negativsummenspiel, denn die Rückzahlung wäre je nach Verzinsung höher als der Kredit. Ohne Wachstum gehen Verschuldungskalküle also nicht auf.

Offenkundig tendieren Konsumgesellschaften dazu, das Ausmaß an Verschuldung stetig zu erhöhen. Damit werden zusehends Forderungen an die Gegenwart gestellt, die sich nicht mittels gegenwärtiger Möglichkeiten befriedigen lassen, sondern die Zukunft belasten. Durch diese zeitliche Entgrenzung gegenwärtiger Ansprüche begeben sich moderne Gesellschaften in die Geiselhaft einer unerbittlichen Wachstumsmaschinerie. Schließlich könnte es kein demokratisch zu wählender Politiker je wagen, ein auf Pump erreichtes Wohlstandsniveau zur Disposition zu stellen, indem er auch nur vorsichtig darauf hinweist, dass nach sieben fetten Jahren nun unweigerlich sieben magere Jahre zu folgen hätten. Wer als Unternehmer oder Konsument mit dem reinen Gewissen auftrumpfen kann, seinen eigenen Wohlstand (vermeintlich) schuldenfrei erarbeitet zu haben, ist schnell versucht, die Staatsverschuldung als isoliertes Problem zu brandmarken. Verantwortlich sind demnach Politiker, die nicht maßhalten können, oder das Schuldgeldsystem in Verbindung mit dem Zinseszinseffekt.

Beides ist nicht von der Hand zu weisen. Andererseits: Wie viel von dem märchenhaften Güter- und Mobilitätsreichtum wäre wohl denkbar, wenn der Fiskus nicht ständig über alles die Subventionsgießkanne hielte oder durch – im Übrigen ökologisch katastrophale – steuerliche Vergünstigungen viele elementare Produktions- und Konsummuster überhaupt erst ermöglicht. Würden beispielsweise Flugreisen – die bekanntlich den maximalen Klimaschaden verursachen, den ein einzelnes Individuum auf legale Weise erzeugen kann – entsprechend ihrer tatsächlichen Kosten besteuert, könnte wohl nur noch ein sehr kleiner Personenkreis fliegen und Äpfel aus Neuseeland essen. In den unmittelbar davon berührten Branchen würde weniger Einkommen erwirtschaftet. Dies würde die Nachfrage in nachgelagerten Branchen senken, die möglicherweise abermals nachgelagerte Branchen in den Abwärtssog zögen ... Das ist die Kehrseite einer hochgradig arbeitsteiligen Wirtschaft, deren Leistungsfähigkeit daraus resultiert, dass alles mit allem zusammenhängt.

Kein Wunder also, dass Vater Staat selbst die schlimmsten Klimakiller nicht nur tunlichst vor jeder Besteuerung schützt, sondern nötigenfalls unrentable Flughäfen subventioniert. Im Übrigen würde jedes auch nur zärtliche Antasten handelsüblicher Freiheitsfetische wie Autofahren, Fliegen, Konsumieren, Telekommunizieren oder nach Belieben Einfamilienhäuser-Bauen mit drastischem Wählerstimmenentzug oder gar Aufständen quittiert. Die Nutznießer eines Lebens über die Verhältnisse sind längst in der Mehrheit. Genau daran scheitert auch die Besteuerung von Einkommen und Vermögen als naheliegende Möglichkeit, die Staatsschulden zu dämpfen.

Hinzu kommt, dass der entlastende Einkommenseffekt einer bestimmten Subvention zu einem Hebel für die Wohlstandsmehrung an ganz anderer Stelle werden kann. Die von unseren Vorfahren geprägte Floskel, sich besondere Dinge »vom Munde absparen« zu müssen, verweist darauf, dass der Vorrang von Grundbedürfnissen anderen Konsumgelüsten in die Quere kommen kann. Aus dieser Perspektive dienen zum Beispiel die europäischen Agrarsubventionen keineswegs dazu, die Verfügbarkeit andernfalls knapper Nahrungsmittel zu steigern. Die Subventionen tragen vielmehr dazu bei, den Ausgabenanteil für Nahrung zu marginalisieren, damit mehr Kaufkraft für Smartphones, Urlaubsreisen oder zur Finanzierung von Eigenheimen frei wird. Ohne Agrarsubventionen würde in Europa niemand verhungern. Ganz im Gegenteil:

Umweltqualität und Gesundheit würden vermutlich zunehmen, weil erstens der Ökolandbau und zweitens eine kleinräumigere bäuerliche Agrarstruktur bessere Chancen erhielten. Aber über eines lässt sich nicht hinwegtäuschen: Das Preisniveau der resultierenden *Lebens*mittel, die diesen Namen dann verdienten, wäre deutlich höher, sodass Ernährung einen höheren Einkommensanteil beanspruchen würde.

Ähnliches gilt für Bildung, Gesundheit, Sicherheit, Wasser, Verkehrssysteme, Energie, Abfallentsorgung, Kommunikationsinfrastrukturen, bestimmte Kulturangebote und andere vermeintliche Selbstverständlichkeiten. Gemäß landläufiger Auffassung sind auch deren Preise vom Fiskus gefälligst so niedrig zu halten, dass moderne Bürger sich nicht mit deren Finanzierung oder Bereitstellung herumschlagen müssen, sondern ihr davon verschontes Einkommen auf die schönen Dinge des Lebens konzentrieren können. Die Spielarten einer versteckten kollektiven Bereicherung, welche indirekt zur Staatsverschuldung beitragen, sind unerschöpflich. Davon profitieren nahezu alle Mitglieder prosperierender Gesellschaften, so ungleich – und darüber lässt sich vortrefflich streiten – die unmittelbare Inanspruchnahme auch verteilt sein mag. Wenngleich die Notwendigkeit von Verteilungsgerechtigkeit nicht in Frage zu stellen ist, wird die Frage nach der Herkunft dessen, worum gestritten wird, zumeist unterschlagen. Lässt sich Plünderung etwa dadurch legitimieren, dass die Beute hinreichend gerecht verteilt wird?

Kapitel II
Fortschritt als Illusion – Wohlstand durch Plünderung

Die wundersame Mehrung des materiellen Wohlstandes wird gern als »Fortschritt« gefeiert. Letzterer verweist auf die heldenhaften Leistungen der Spezies Mensch, die sich einst unter Vorgriff auf Münchhausen am eigenen Schopf aus dem Urschleim gezogen hat, um sich fortwährend durch Fleiß, Erfindungsreichtum und überlegene Intelligenz eine perfekte Welt zu basteln. Wie schlüssig ist dieses Fortschrittsmärchen?

Die Frage nach Fortschritt und Wohlstand bildet den Gegenstand vieler moderner Erzählungen. Zu den wichtigsten Autoren zählen unter anderem Quesnay, Smith, Ricardo, Marx und Schumpeter. Dabei fällt der Erstgenannte etwas aus der Reihe, denn als Vertreter der sogenannten »Physiokraten« versuchte er darzulegen, dass jeder materielle Wohlstand den nicht vermehrbaren physischen Ressourcen (insbesondere dem Boden) entstammt. Die Aussicht auf beliebig zu steigernde Produktionsmengen fällt demnach bescheiden aus, es sei denn, die physischen Grundlagen würden im Sinne eines Strohfeuers binnen kurzer Zeit geplündert. Im Gegensatz dazu können die anderen Autoren als frühe Interpreten einer Fortschrittsarie angesehen werden, auf die nun der Blick gerichtet werden soll.

Effizienzmythos I: Industrielle Arbeitsteilung und Marktwirtschaft

Während Adam Smith und David Ricardo bereits in der zweiten Hälfte des 18. und im beginnenden 19. Jahrhundert die Effizienzeigenschaften industrieller Arbeitsteilung hervorhoben, die sich mittels marktwirtschaftlicher Koordination entfesseln lassen, befasste sich Joseph Schumpeter mit technischem Fortschritt, der sich unter anderem produktivitätssteigernd auswirkt. Beide Vorgänge schließen sich nicht aus, sondern bilden in ihrer Synergie das Fundament stetigen Güterwachstums. Arbeitsteilung im überregionalen Maßstab erlaubt die Abschöpfung komparativer Kostenvorteile und deren Umwandlung in zusätzlichen Output. Seit Smith und Ricardo wird diese Transformation stets getreu desselben Schemas erklärt: Wenn ein bestimmter Produktionsvorgang in möglichst viele isolierte Teilprozesse zerlegt wird, auf die sich einzelne Marktakteure entsprechend ihrer Stärken konzentrieren, kann insgesamt mehr produziert werden als ohne Spezialisierung.

Diese Arbeitsteilung muss über Märkte koordiniert werden. Das Tauschmedium Geld sorgt dafür, dass alle einzelnen Teilprozesse und Ressourcenumwandlungen dorthin verlagert werden, wo deren Kosten minimal sind. Derartige Spezialisierungsvorzüge speisen sich aus Lerneffekten, Kernkompetenzen, Standortvorteilen, besonderen Ressourcenausstattungen oder daraus, dass sich die fixen Kosten einer Produktionsstätte auf eine höhere Ausbringungsmenge verteilen lassen. Dieser Übergang wird gemeinhin als Effizienzerhöhung bezeichnet. Das hieße laut Definition, dass eine bestimmte Produktionsmenge mit geringerem Ressourcenaufwand oder eine höhere Produktionsmenge mit dem bisherigen Ressourcenaufwand erzielt wird. Der Wohlstandszuwachs würde sich demnach nicht aus vermehrtem Materialeinsatz speisen, sondern vielmehr daraus, dass dieser einfach »klüger«, also effizienter, verwendet wird. Hoch ausgebildete Arbeitnehmer, bessere Organisationsprinzipien, technisches Wissen und vor allem die Steuerung über Märkte tragen so auf wundersame, anscheinend immaterielle Weise dazu bei, aus vorhandenen Ressourcenbeständen mehr zu schöpfen.

Aber ist es wirklich dasselbe quantitative Niveau an physischen Ressourcen, das während der vergangenen Jahrzehnte lediglich auf »effizientere« Weise genutzt wurde, um daraus einen permanent wachsenden Output an Gütern herzustellen? Tatsächlich setzt die Outputsteigerung mit Hilfe spezialisierter Arbeitsteilung weitaus mehr voraus als pures Optimieren, nämlich die Überwindung von Raum und Zeit. Denn würden die Spezialisierungsvorteile innerhalb eines begrenzten räumlichen Radius ausgeschöpft, müsste dieser Prozess bald zum Erliegen kommen. Erstens würde die Nachfrage nicht ausreichen, um jene Ausbringungsmengen zu absorbieren, die überhaupt erst kostensenkende Effekte der spezialisierten Produktionsstätten ermöglichen. Zweitens wären in einem begrenzten System bald alle verwertbaren Spezialisierungsvorteile ausgeschöpft. Beide Hindernisse lassen sich nur bei fortwährend gesteigerter räumlicher und zeitlicher Entgrenzung der arbeitsteiligen Verflechtungen und Handelsbeziehungen überwinden.

Angenommen, die Bürger einer kleinen Stadt würden sich zunächst selbst versorgen, also jeweils ihr eigenes Brot, eigene Textilien, Schuhe, Möbel etc. herstellen. Dann könnten sie ihre Versorgungsmöglichkeiten steigern, wenn sich jeweils ein Haushalt auf ein Produkt spezialisiert. Dies würde die Kompetenzen der sich nun auf eine Tätigkeit konzentrierenden Personen erhöhen, somit die Geschicklichkeit steigern, Zeit sparen, Verschnitt und Abfälle reduzieren. Und vor allem bräuchten die jeweils benötigten Werkzeuge oder Maschinen nur einmal angeschafft zu werden. Die fixen Kosten einer Schusterwerkstatt und Bäckerei verteilten sich nun auf die Gesamtmenge der in dieser Stadt nachgefragten Schuhe bzw. Brote. Dies führt zu geringeren Durchschnittskosten, denn vorher brauchte jeder Haushalt für seinen kleinen Bedarf eigenes Schusterwerkzeug und einen Backofen. Insgesamt steigt der Wohlstand, weil sich Menschen nun mehr leisten können.

Aber wie geht es weiter, wenn alle derartigen Effizienzpotenziale ausgeschöpft sind, nachdem sich die Haushalte in der Stadt auf eine bestimmte Arbeit spezialisiert haben? Natürlich wäre eine weitere Wohlstandssteigerung auf zweierlei Weise denkbar. Wenn die Bäckerei auch eine benachbarte Stadt beliefern würde, etwa weil dort Getreide teurer ist, könnte sie den Absatz steigern und dadurch auf noch geringere Durchschnittskosten kommen. Im Gegenzug könnte sich die andere Stadt auf Schuhe spezialisieren, vielleicht weil dort der Preis für Leder geringer ist. Eine weitere Kostensenkung könnte erzielt werden, wenn sich der Schuhproduzent weiter spezialisiert, etwa indem er die Schuhsohlen nicht mehr selbst produziert, sondern von einem Betrieb bezieht, der an einem anderen Standort – beispielsweise in China oder Indien – ansässig ist und dies viel kostengünstiger kann. Dies verbilligt die Schuhe und erhöht so die Kaufkraft. Aber welches Wachstum an physischen Anlagen und Transporten ist erforderlich, um diesen Prozess zu ermöglichen?

Das vermeintlich effizienzbedingte Güterwachstum resultiert aus nichts anderem als einer Durchdringung und Verdichtung von Raum und Zeit. Was auch immer als Wertschöpfungssphäre im weitesten Sinne geeignet erscheint, wird demnach laufend hinsichtlich noch unerschlossener Spezialisierungsvorteile oder Absatzpotenziale ausgelotet und vermessen. Unabdingbar setzt diese vorwärts gerichtete Suchbewegung eine ständige Erweiterung von Transportwegen, Logistikeinrichtungen, Lagerkapazitäten, Fertigungsanlagen, Energie- und Informationssystemen voraus. Diese Entgrenzung vollzieht sich entlang zweier Dimensionen. (1) Verdichtung des Raumes: Wo fände noch eine Produktionsstätte, ein Gewerbegebiet oder eine Anbindung an globale Infrastrukturen Platz? (2) Verdichtung von Zeitskalen: Wie lassen sich zwecks Absatzsteigerung innerhalb eines menschlichen Lebens zusätzliche Konsumaktivitäten unterbringen, nämlich durch Beschleunigung, (menschliches) Multitasking oder einfach den schnellen Verschleiß von Produkten?

Die vermeintliche Effizienz der industriellen Arbeitsteilung setzt offenbar physische Entgrenzungsvorgänge voraus. Ständig müssen Produktionsstätten vergrößert, verändert, entsorgt oder verlagert werden. Die Transaktionen zwischen den zerlegten Produktionsstufen dehnen sich in alle Himmelsrichtungen aus. Infrastrukturen und Transporte nehmen zu.

Seitdem die Verwüstungen dieser Entgrenzung nicht mehr zu vertuschen sind, wird die Vision einer ökonomischen Entgrenzung ohne substanziellen Verschleiß beschworen. Besondere Schubkraft bezog dieser Glaube an ein qualitatives oder materiell entkoppeltes Wachstum aus den vermuteten Möglichkeiten einer digitalisierten Wertschöpfung. Aber inzwischen ruft dieser Versuch, die Physik auszutricksen, nur noch ein mildes Lächeln hervor, denn gerade IT-Innovationen sind zum Schrittmacher materieller Expansion geworden. Sie liefern das perfekte Instrumentarium, um bislang noch unerschlossene (physische) Räume und Zeitskalen einzugemeinden. Selbst dort, wo allem Anschein nach »nur« virtuelle Welten erschaffen werden (z. B. »Second Life«) oder bereits vereinnahmter Raum durch Hinzufügung von Informationsnetzen digital nachverdichtet wird (z. B. Mobilfunk), türmen sich Hardware-Erfordernisse, Energieverbräuche, Elektroschrottgebirge zu sagenhafter Höhe auf und induzieren zusätzliche Mobilität.

Offenkundig tendiert die ökonomische Theorie dazu, Effizienz mit gesteigerter räumlich-materieller Okkupation zu verwechseln. In nahtlosem Einklang mit dieser Verhüllung werden die gigantischen Infrastrukturen zwecks effektiver Überwindung räumlicher und zeitlicher Grenzen oft von ökonomischen Betrachtungen ferngehalten. Sie werden öffentlichen Zuständigkeiten, also einer separaten, fein säuberlich vom eigentlichen Wirtschaften getrennten Rubrik zugeschoben. Die verschleierten Produktionsfaktoren (degradierter und verschlissener Raum zwischen den Knotenpunkten eines angeblich effizienten Wertschöpfungsnetzes) lassen sich so als öffentliche Infrastrukturinvestitionen verniedlichen oder hinter dem Vorhang einer als »Wirtschaftsförderung« getarnten Subventionitis verstecken.

Effizienzmythos II: Innovationen und Produktivitätsfortschritt

Technische Innovationen, insbesondere solche, die zur Produktivitätssteigerung beitragen, werden ebenfalls als Quelle für wachsenden Wohlstand gesehen. Die Idee ist plausibel: Wenn technischer Fortschritt zu sinkenden Stückkosten oder produktiveren Faktorkombinationen führt, können die Preise sinken. Folglich steigt die Kaufkraft des Einkommens. Allerdings erfordert die Ausschöpfung der technischen Effizienz andere und zumeist größere Betriebsstätten. Insoweit damit eine Kapazitätsausdehnung einhergeht, kann diese im Aufbau neuer Standorte oder Erweiterungsinvestitionen an bereits existierenden Standorten bestehen. Das heißt jedoch abermals, dass nicht dieselbe Ressourcenausstattung einfach nur effizienter eingesetzt wird, sondern andere und *zusätzliche* Ressourcen nötig sind, nämlich mindestens um die vergrößerte Kapazität (nebst möglicherweise zusätzlich erforderliche Infrastrukturen) aufzubauen und unter plausiblen Bedingungen auch höhere Inputmengen einzusetzen. Letzteres würde eintreten, wenn der Output über das Maß hinaus steigt, welches sich allein aus der höheren Faktorproduktivität ergibt, mit der dieselbe Inputmenge eingesetzt wird. Dies dürfte als Regelfall gelten, denn die Reduktion der Durchschnittskosten ermöglicht geringere Marktpreise, wodurch wiederum die Nachfrage steigt.

Zwar wäre es theoretisch denkbar, die bislang genutzten Produktionsstätten auf die neue Technologie umzurüsten oder, wenn dies nicht möglich ist, simultan mit der Entstehung neuer Anlagen die alten wenigstens zurückzubauen, sodass anstelle einer Kapazitätserweiterung lediglich exakt der vorherige Ressourceninput nunmehr an anderen Standorten effizienter eingesetzt wird. Aber ein solcher Prozess des koordinierten Umbaus oder Ersatzes widerspräche jeglicher Marktlogik. Schließlich sind es zumeist neue Konkurrenten, die in etablierte Märkte eindringen, um auf Basis günstigerer Faktorkombinationen oder Technologien in Konkurrenz zu alten Strukturen zu treten.

Dies entspräche aber einer reinen Addition von Produktionskapazitäten und damit einem gestiegenen Ressourcendurchfluss – zumindest dann, wenn die Betreiber bisheriger Produktionsanlagen gar nicht daran denken, einfach aufzugeben, sondern Wege finden, im Markt zu verbleiben. Dies kann durch eine Spezialisierung auf Leistungen erfolgen, die sich hinreichend von der neuen Konkurrenz unterscheiden. Zudem können die ins Hintertreffen geratenen Firmen versuchen, die Grenzen des bisherigen Marktes zu überwinden, um durch einen höheren Globalisierungsgrad neue Absatzmöglichkeiten zu erschließen.

Wenn es hingegen tatsächlich gelänge, die alten Produktionskapazitäten stillzulegen und zu verschrotten, würde sich genau jener Strukturwandel ereignen, den Schumpeter als

»schöpferische Zerstörung« bezeichnete. Aber was ist so »schöpferisch« daran, zuvor aufgebaute Strukturen und somit die in sie investierten Ressourcen zu zerstören, womit zwangsläufig kaum lösbare Entsorgungsprobleme oder Industriebrachen entstehen? Ganz gleich wie man es wendet, gesteigerte technische Effizienz ist systematisch nicht ohne Zuwächse an materiellen Verbräuchen zu haben, weil der nötige Übergang entweder alte Strukturen entwertet oder die neuen Anlagen, wenn sie die alten nicht ersetzen, als reine Addition zusätzliche Ressourcenflüsse verursachen.

Und dieses Dilemma ist nicht einmal das Hauptproblem. Ein Blick auf das Geheimnis der seit anderthalb Jahrhunderten vollzogenen Produktivitätssteigerung verrät Folgendes: Die Ergiebigkeit eines Produktionsfaktors lässt sich keineswegs aus dem Nichts heraus, also durch noch so genialen Erfindergeist steigern. Ganz gleich ob Dampfmaschine, Elektrifizierung oder Digitalisierung – es bleibt immer ein und derselbe Stoff, der unter der Hand dafür herhalten muss, dass ein anderer Faktor »produktiver« wird: Energie! Denken wir etwa an die enorme Steigerung der Produktivität menschlicher Arbeit. Dahinter verbirgt sich nichts anderes als eine gigantische Aufrüstung mit Energie umwandelnden Apparaten und Prozessen, sodass die pro Ausbringungsmenge noch erforderliche menschliche Arbeit immer weniger wird. Um wie viel sind dadurch die Energieverbräuche gestiegen? Die Geschichte des technischen Fortschritts war niemals etwas anderes als eine Abfolge von Übergängen zu höheren Ebenen des Energieverbrauchs. Aber darauf wird an anderer Stelle noch näher eingegangen (siehe Kapitel VI).

Natürlich sind die beiden Effizienztypen I und II eng miteinander verzahnt: Ohne punktuelle Produktivitätsfortschritte ließen sich irgendwann auch globusweit keine weiteren Spezialisierungsvorteile in Form von Kompetenz- oder Kostendifferenzen mehr aufspüren. Technische Innovationen verhindern einen derartigen Stillstand. Diese »neuen Kombinationen«, wie Schumpeter sie nannte, verhelfen zur Verwertung bislang brachliegender Ressourcenbestände, die nun produktiv in den arbeitsteiligen Prozess integriert werden. So können beispielsweise durch die Wind-, Solar- und Bioenergienutzung viele Flächen und Offshore-Gebiete als neue Ressource aktiviert werden. Vorher waren diese Flächen nur »unproduktive« Bestandteile der Natur. Auf ähnliche Weise führt die Digitalisierung dazu, dass seltene Rohstoffe, wie beispielsweise afrikanisches Coltan, für das sich vorher niemand interessierte, als Inputfaktor zum Gegenstand neuer oder weiterer globaler Austauschbeziehungen werden können. Die kolossalen Mengen an Elektroschrott bieten wiederum als »Wirtschaftsgut« neue Möglichkeiten für eine weltweit arbeitsteilige Entsorgungsindustrie.

Es liegt also nahe, dass beide wichtigen Spielarten der vermeintlichen Effizienz (Spezialisierung und technischer Fortschritt) nur auf einer Intensivierung der Ressourcenplünderung beruhen. Was wäre wohl die Folge, wenn man Ernst machte mit den Versprechungen all der »Effizienzsteigerungen« und zu einem beliebigen Zeitpunkt einfach jeden weiteren Zuwachs des Ressourcendurchsatzes und Flächenverbrauchs stoppen würde, um sicherzustellen, dass sich die Wirtschaft allein kraft »echter« Effizienz entwickelt? Angenommen, es wäre 1970, 1980 oder 1990 zu einer solchen Deckelung der ökologischen Plünderung gekommen – hätte der Güterwohlstand dann allein durch Effizienz annähernd das heutige Niveau erreichen können? Wohl kaum. Im Übrigen ist die viel beschworene Effizienz nicht der einzige Mythos, den es zu entzaubern gilt.

Arbeitskraft als Quelle für Wohlstand?

Wer hart arbeitet, bekommt Geld und kann sich dafür einiges kaufen. Somit gelten Konsum- und Mobilitätswohlstand als »verdient« oder »erarbeitet«. Wirklich?

Werfen wir zunächst einen Blick auf die Logik des Konsumierens. Konsumgüter setzen industrielle Arbeitsteilung voraus. Jegliche Produktion wird in spezialisierte Teilaufgaben zerlegt, die entweder anderen, zumeist räumlich entfernten Arbeitsstationen oder Maschinen zugewiesen werden. Durch Letztere erfolgen Prozesse der stofflichen Umwandlung. So bildet sich ein kaskadenartiges System, an dessen Anfang die Ressourcengewinnung steht. Die Rohmaterialien werden nun auf eine lange Reise geschickt. Sie durchlaufen globusweit verteilt liegende Verarbeitungsstufen. Am Ende dieser Wertschöpfungskette lassen sich dann die vielen Produkte und Dienstleistungen in Empfang nehmen, die verbraucht werden und zum Bruttoinlandsprodukt beitragen.

Durch Konsum greifen Individuen auf Güter zurück, deren Herstellung und Verbrauch zwei getrennte Sphären sind. Konsumenten verbrauchen prinzipiell Dinge, die sie selbst niemals herstellen könnten oder wollten – andernfalls wären sie Produzenten oder Selbstversorger. Mehr noch: Mit zunehmendem Konsumwohlstand nehmen der räumliche Radius und die Komplexität des Produktionssystems, dem die in Anspruch genommenen Leistungen entstammen, kontinierlich zu. Das Wesensprinzip des Konsumierens besteht darin, sich die von anderen Menschen an anderen Orten geleistete Arbeit und insbesondere den materiellen Ertrag andernorts verbrauchter Ressourcen und Flächen zunutze zu machen. Diese Form der Bemächtigung wird selbst von gesellschaftskritischen Theorien entweder ausgeblendet oder als gerechtfertigt betrachtet, weil darin der legitime Gegenwert für selbst geleistete Arbeit gesehen wird. Insoweit Kapitalismuskritik allein die unternehmerische Aneignung eines sogenannten »Mehrwertes«, der angeblich durch menschliche Arbeit entsteht, als »Ausbeutung« brandmarkt, greift sie viel zu kurz.

Zu Lebzeiten von Karl Marx mag es noch leichtgefallen sein, zwischen Ausbeuter und Ausgebeutetem zu unterscheiden. Aber mit zunehmender Verbreitung materiellen Reichtums sowie einer stetig gewachsenen Distanz zwischen Verbrauch und Produktion verschwimmen diese Grenzen. Abgesehen davon: Ohne dass sich hinreichend viele Menschen einen steigenden Industrieoutput konsumtiv aneignen, der aus räumlich entgrenzter Arbeitsteilung resultiert, wäre wohl nichts von dem denkbar, was im Zentrum marxistischer Kritik steht. Eingenebelt von exakt derselben Fortschrittsillusion streiten Neoliberale und Marxisten um die gerechte Verteilung eines mutmaßlichen Ertrags menschlicher Leistungen, der in Wahrheit Kapitalverzehr darstellt. Je nach propagierter Gerechtigkeitsvorstellung – mal werden fleißige Arbeitnehmer, mal geniale Unternehmer gepriesen – legitimieren beide Positionen die Inanspruchnahme einer Beute, die aus ökologischer Sicht erstens gar nicht erst hätte entstehen dürfen und die zweitens alles andere als »verdient« oder »erarbeitet« wurde.

Denn wenn Letzteres zuträfe, müsste gemessen am heutigen materiellen Konsum- und Mobilitätswohlstand die produktive Leistung menschlicher Individuen seit der jüngeren Steinzeit auf geradezu phantastische Weise zugenommen haben. Aber faktisch haben sich die physischen Qualitäten des *homo sapiens* seither kaum verändert. Noch sind es zwei Arme, zwei Beine und ein Kopf, über die ein Individuum verfügt. Eher mehren sich Anzeichen dafür, dass die produktiven Befähigungen, die von dieser körperlichen Beschaffenheit ausgehen, sogar abgenommen haben könnten. Schließlich hat der Bequemlichkeitsfortschritt im beruflichen sowie privaten Alltag unverkennbare Spuren hinterlassen: Bewegungsmangel, Übergewicht, schwindende körperliche Belastbarkeit und vor allem eine Verkümmerung handwerklichen Geschicks.

Viele Menschen sehen sich heute nicht mehr in der Lage, Lebensmitteleinkäufe ohne Auto zu tätigen, einen Gehweg zu fegen, Briefe mit der Hand zu schreiben, einfache Reparaturen vorzunehmen oder Gebrauchsgegenstände mit Nachbarn zu teilen – wozu auch? Komfortable Technologien, Dienstleistungen und genügend Geld für die permanente Neuanschaffung von Gütern werden als selbstverständlich vorausgesetzt. Eigene physische Leistungen durch maschinelle Arbeit oder nonstop abrufbereite Services zu ersetzen bildet einen Kern des zeitgenössischen Fortschrittsverständnisses. Demnach gilt es, sich von allem zu befreien, was zeitraubend, anstrengend, schmerzhaft oder unhygienisch sein könnte.

Mit der stetigen Verschiebung von Zumutbarkeitsgrenzen wird eine monströse Delegationsmaschinerie in Gang gesetzt. Allerdings lassen sich auch in einer derartigen »Bequemokratie« die physikalischen Gesetze nicht außer Kraft setzen. Mit anderen Worten: Auf irgendwen oder irgendetwas muss die Drecksarbeit schließlich abgewälzt werden. Die zu diesem Zweck erschlossenen Möglichkeiten sind im wahrsten Sinne des Wortes grenzenlos. »Sweat Shops« in Asien,

Lateinamerika und absehbar in Afrika sind zu einem Symbol für die globusweite Verlagerung des »schmutzigen« Teils der Herstellungsketten geworden.

Umgeben von Energiesklaven

Ein elementarer Stützpfeiler des modernen Lebens sind die unzähligen »Energiesklaven«. Durch sie werden vormals körperlich zu verrichtende Arbeiten in maschinelle, elektrifizierte, automatisierte, digitalisierte, dafür aber umso energieabhängigere Vorgänge verwandelt. Zusätzlich werden neue Optionen und erweiterte Aktionsradien der Selbstverwirklichung erschlossen. Akkuschrauber, elektrische Zahnbürsten, Laubsauger, Aufsitzrasenmäher, Brotbackautomaten, Smartphones, E-Commerce, Billigflieger etc. sprechen Bände. Altertümliche Menschen, die noch Briefe mit einem Stift schreiben, statt durch einfache Berührung eines Touchscreens Textbausteine zu montieren, werden wohl absehbar aussterben. Eben jener Touchscreen symbolisiert das universelle und mühelose Bedienelement einer automatisierten Umgebung. Mit digitalem Klick kann ein einzelnes Individuum ohne Verzögerung und Anstrengung maximale Kontrolle über Energieumwandlung und Stoffströme ausüben. Nach dem groß angelegten Unterfangen der Naturbeherrschung, so wie von René Descartes und Francis Bacon vorausgedacht, soll nun ein »Internet der Dinge« nebst anderen Basisinnovationen die letzten räumlichen, zeitlichen oder materiellen Widerstände brechen, welche einer mühelosen Bemächtigung beliebiger Konsum- und Mobilitätsleistungen im Weg stehen könnten.

Das Leitbild eines von körperlichen Mühen und Anspruchsrücknahmen entlasteten Lebens schreit nicht nur nach weiteren technischen Innovationen, sondern auch nach deren stetiger Vervielfältigung bis in die letzten Nischen. So könnte jedes Zimmer mit einem Flachbildschirm, Computer und Internetanschluss versehen werden. Jedes Familienmitglied könnte eine eigene Digitalkamera, einen eigenen Akkuschrauber, eine eigene Latte-Macchiato-Maschine, ein eigenes Auto besitzen. Dadurch ließe sich die schwer zu ertragende Bürde des Wartens, Fragens, Verhandelns, Arrangierens, Bittens, Teilens oder gar eines vorübergehenden Entsagens tilgen.

Selbst das hedonistische Ideal eines ästhetisch optimierten Körpers ist keine Frage eigener Übung oder Disziplin. An dessen Stelle tritt die Schönheitsoperation, die Kur, die Wellness-Behandlung oder ein aufwendiger Fitness-Maschinenpark. Gibt es überhaupt irgendeine Last, die sich nicht dadurch abwerfen ließe, dass sie an eine eigens dafür zu schaffende Apparatur oder Zuständigkeit delegiert wird? Der Weg vom einzelnen Convenience-Produkt zum vollendeten Convenience-Dasein macht nicht einmal vor Convenience-Verantwortung halt. Denn auch gesellschaftspolitisches Engagement lässt sich komfortabel übertragen. Die

Einzugsermächtigung für Greenpeace, der Mausklick bei www.avaaz.org oder www.campact.de als Votum für mehr Klimaschutz machen es möglich – das geht bald sicher auch ganz einfach vom Flugzeug aus.

Was dabei systematisch verkümmert, sind nicht nur manuelle Kompetenzen, sondern die Kraft zur Genügsamkeit. Anstelle menschlicher Souveränität, die sich aus eigener Leistung und nötigenfalls Beherrschung speisen kann, regieren Abhängigkeit und eine diffuse Angst davor, dass jemand den Stecker ziehen könnte und damit das System abstürzen lässt. Denn jede auch noch so winzige Facette des täglichen Lebens baumelt an energieintensiven Services und Gerätschaften. Niemand aber ist hilfloser als ein Patient, der am Tropf hängt.

Die Eintrittskarte für dieses moderne Schlaraffenland heißt zunächst Geld. Damit ist das Bindeglied zwischen Zugriffsberechtigung und angeblich erbrachter Gegenleistung hergestellt. Aber dieses Austauschverhältnis ist willkürlich, weil es keineswegs nur von der eigenen Erwerbsarbeit abhängt, sondern auch von Marktdynamiken, leistungsloser Geldvermehrung (Spekulationsgewinne, Zinsen, Erbschaften, Renditen, Lohnerhöhungen etc.). Es bringt ein Verhältnis zwischen eigener Arbeit und Ansprüchen auf Leistungsverbräuche zum Ausdruck, die physisch nicht zu vergleichen sind. Wie lässt sich die Arbeitsleistung eines Topmanagers, der jeden Tag ausschließlich Telefonate führt, Dokumente bearbeitet, an Besprechungen teilnimmt und E-Mails versendet, in Einfamilienhäuser und Urlaubsreisen umrechnen? Wie gerechtfertigt oder »verdient« ist der materielle Gegenwert eines Spekulationsgewinns von 50.000 Euro etwa in Form von Autos, Flachbildschirmen und Restaurantbesuchen? Wie kann ein einzelner Mensch, der pro Jahr fünf Flugreisen in Anspruch nimmt, die hierzu erforderliche Energie nebst anteiliger Nutzung aller erforderlichen materiellen Voraussetzungen selbst »erarbeitet« oder »verdient« haben?

Je umfassender körperlicher Einsatz durch Energiesklaven ersetzt wird, desto bizarrer ist das Verhältnis zwischen eigener substanzieller Leistung und der explosionsartigen Mehrung substanzieller Ansprüche. Fatalerweise führt ein und dieselbe technologische Entwicklung dazu, dass Menschen sich physischer Verrichtungen entledigen und zugleich über gesteigerte Möglichkeiten verfügen, auf physische Leistungen zuzugreifen. Dieses Missverhältnis verdeutlicht abermals, wie sehr unser Wohlstand auf ökologischer Plünderung beruht, die durch arbeitssparenden technischen Fortschritt immer weiter perfektioniert wird.

Kein Wunder, dass der Terminus »Produktion« längst dem allgemeineren Begriff der »Wertschöpfung« gewichen ist. Denn ökonomische Werte – in diesem Fall alles, womit sich Geld verdienen lässt – entstehen längst nicht mehr durch menschliche Verrichtungen im physischen Sinne, sondern eher als Resultat symbolischer Handlungen, denen durch Märkte,

Institutionen oder Definitionsmacht schlicht ein monetärer Wert zugewiesen wird. Ganz in diesem Sinne verschleiern ritualisierte Verteilungskämpfe zwischen Gewerkschaften und Arbeitgeberverbänden, dass sich dahinter eine beständige Komplizenschaft in der Aneignung von Zuwächsen verbirgt, die aus gesteigerter Ressourcenplünderung resultieren.

Die Simulation eigener Leistung

In seinem Klassiker »Small is Beautiful« (1973) beklagt Ernst Friedrich Schumacher, dass moderne Technologien den Menschen die Handarbeit rauben. Sehr pointiert zieht er eine Trennlinie zwischen Personen, die »wirklich produzieren«, und solchen, die »anderen sagen, was sie tun sollen [...] oder verteilen, was andere produziert haben«. Immer mehr Verrichtungen, die als Arbeit gelten, bestehen offenkundig in nichts anderem als reiner Informationsverarbeitung oder Koordination. Dies resultiert aus dem Zusammenspiel von technischem Fortschritt, gesteigerter Energiezufuhr und sich wandelnden Organisationsstrukturen im Laufe der vergangenen 150 Jahre. Dabei fällt auf, dass die Form, in der menschliche Arbeit zur Güterherstellung beiträgt, oft kaum mehr von Konsumhandlungen unterscheidbar ist.

Wenn früher zwei Einzelteile eines herzustellenden Produktes zusammengeschraubt werden mussten, wurde ein Schraubendreher verwendet. Dessen Nutzung erforderte körperliche Arbeit. Letztere konnte durch die Erfindung des mechanischen Drillschraubendrehers reduziert werden, der noch ohne äußere Zufuhr von Energieträgern auskam. In einem weiteren Entwicklungsschritt wurden elektrische Schrauber eingeführt, also vollwertige Energiesklaven, die aber immerhin noch manuell bedient wurden und handwerkliches Geschick benötigten. Als Nächstes wurden Produktionsanlagen konzipiert, durch die der Vorgang des Schraubens vollständig maschinell ausgeführt werden konnte. Nur die Überwachung und Steuerung dieser Anlagen verblieb als menschliche Arbeit. Aber selbst die Steuerung kann inzwischen oft automatisiert werden, etwa dadurch, dass die Ausbringung einer Arbeitsstation elektronisch an den Bedarf der jeweils nachfolgenden Arbeitsstation gekoppelt ist.

Natürlich verschwindet der Produktionsfaktor Mensch auch hier nicht gänzlich: Er plant, steuert, designt, koordiniert, kommuniziert oder gestaltet Informations- und Geldflüsse. Aber insgesamt besteht jede Leistung, die ihm zugerechnet werden kann, in nichts anderem als darin, selbst nur Leistungen abzurufen. Die Bedienung elektrischer Schrauber oder automatisierter Arbeitsstationen bedeutet, energieintensive Prozesse auszulösen und »geronnene« Energie zu nutzen, die zur Produktion der beanspruchten technischen Hilfsmittel verbraucht wurde. In anderen Fällen werden die an ein Individuum oder Team übertragenen Aufgaben dadurch bearbeitet, dass sie in weitere Teilaufgaben zerlegt und dann an andere Arbeitsstationen oder Produktionsstandorte delegiert werden. So könnte das Vorprodukt im obigen Beispiel schlicht von einem Hersteller aus China beschafft werden, der sich genau darauf spezialisiert hat.

Dies heißt im Extremfall, dass menschliche Arbeit selbst keine physische Ressource mehr darstellt, sondern mit enormer Wirkmächtigkeit Ressourcenströme vereinnahmt. Genau genommen ähnelt moderne Produktion einem Verstärker, der ein minimales menschliches Signal in eine donnernde Symphonie der Energie- und Materialumwandlung übersetzt. Entlang einer kaskadenartigen Abfolge von Bearbeitungsstufen wird alles potenziell Anstrengende, Lästige oder Schmutzige entweder an die Technik oder entfernt liegende Standorte verlagert. Dies wird durch eine tiefe, raumübergreifende Spezialisierung möglich. Je länger und ausgefächerter die Kette zwischen Ressourcengewinnung und fertigem Endprodukt ist, umso ergiebiger sind die Möglichkeiten, sich physischer Anstrengung mit Hilfe eines globalen Verschiebebahnhofs zu entledigen. So wird aus Plackerei ein »humanisiertes Arbeitsleben« – wohlgemerkt in prosperierenden Industriegesellschaften.

Indem sich menschliche Arbeit also zunehmend in reiner Symbolik erschöpft, ist ihr Wert entsprechend abstrakt. Dieser bemisst sich nach ökonomischem Verständnis und erst recht gemäß zeitgenössischer Lohnpolitik an der Arbeitsproduktivität. Letztere steigt, wenn der pro Ausbringungseinheit erforderliche Arbeitseinsatz infolge technischen Fortschritts sinkt. Dividiert man den Gesamtoutput durch die Menge der dafür zu leistenden Arbeitsstunden, so steigt folglich dieser Wert und damit das Arbeitseinkommen. Anders ausgedrückt: Die vielen Energiesklaven befreien nicht nur tendenziell von körperlicher Arbeit, sondern erhöhen obendrein den monetären Wert, welcher der verbliebenen virtuellen Arbeitsleistung zugemessen wird.

Damit greifen ausgerechnet jene, die vorwiegend immaterielle Arbeit leisten, auf den höchsten materiellen Wohlstand zu. Wer es schafft, in diesem System Fuß zu fassen, ist sowohl im privaten als auch beruflichen Alltag von Energiesklaven und globalen Lieferketten umgeben. Beides verleiht modernen Konsumenten eine Hebelwirkung, mit der sich alle Grenzen sprengen lassen, die das Repertoire der materiellen Selbstverwirklichung andernfalls regulieren könnten. Denn ohne diesen »Fortschritt« wären materielle Ansprüche zum einen an lokal und regional vorhandene Ressourcen gebunden, welche sich nicht ohne weiteres vermehren lassen. Zum anderen würden sie durch eigene produktive Fähigkeiten begrenzt, die ebenfalls nicht beliebig steigerbar sind.

Demgegenüber bedeutet die mittlerweile erreichte Entgrenzung von Konsum- und Mobilitätsansprüchen, dass es keine Obergrenze mehr für das geben kann, was mit hohem Energieaufwand aus allen Himmelsrichtungen herbeizuschaffen oder durch eigene Mobilität flugs erreichbar ist.

Dies alles steht nun in keiner Beziehung mehr zu eigenen substanziellen Leistungen. Vielmehr beschränkt sich menschliche »Arbeit« zusehends auf reine Informationsverarbeitung, das Ansteuern maschineller Prozesse oder pure Anwesenheit in Gesprächs- und Entscheidungssituationen.

Die Kreation neuen Bedarfes für immaterielle Handlungen, denen als »Dienstleistung« ein monetärer Gegenwert zugewiesen werden kann, ist nur eine Frage der Phantasie. Der elegante Trick moderner Dienstleistungen besteht gerade darin, dass diese aufgrund ihres abstrakten Charakters beliebig entworfen und willkürlich in jeden Kontext eingefügt werden können. Es gibt keine Einrichtung, Unternehmung oder Person, der sich nicht noch irgendein Service aufschwatzen ließe. Beratungen, Werbung, Aus-, Fort- und Weiterbildung, Vernetzungen, Versicherungen, Moderation, Mediation, Coaching, Vorträge, Diskussionen, Publikationen, Begutachtungen, Evaluationen, Forschung, Wellness, Spekulationen etc. markieren nur einige Bereiche, in denen praktisch substanzlose Leistungen ersonnen werden, die hohe Einkommen erzielen und folglich Ansprüche auf umso substanziellere Gegenwerte manifestieren. Die Übergänge zwischen komplett leistungslosen Einkünften, simulierten Leistungen und der wundersamen Vermehrung kreativer, zumeist »wissensintensiver« Leistungen, die niemandem fehlten, würden sie nicht erfunden, sind fließend.

Die verlängerten Arme unseres Wohlstandsmodells

Ein mühelos abzurufender Wohlstand und eine kaum minder komfortable Arbeitswelt sind offenkundig nicht zum materiellen Nulltarif zu haben. Denn technischer Fortschritt und globale Lieferketten lösen keine Knappheitsprobleme, sondern vollstrecken zwei äußerst ruinöse Strategien: Zum einen wird die Verfügbarkeit neuer Möglichkeiten insoweit mit einer Steigerung von Energie-, Flächen- und Materialverbräuchen erkauft, als immer mehr technisches Equipment eingesetzt wird. Deshalb werden gegenwärtige Knappheiten durch eine intensivierte Plünderung einfach nur zeitlich verlagert, also in zukünftig umso eklatantere Knappheiten umgewandelt.

Die andere Strategie besteht darin, Knappheiten an einem bestimmten Ort dadurch zu lindern, dass Ressourcen und Arbeitskraft an anderen Orten umso intensiver in Anspruch genommen werden. Die durch raumüberwindende Infrastrukturen entstehenden Lieferketten sind die unsichtbaren Tentakel des nördlichen Wohlstandsmodells. Direkt zugreifen lässt sich damit auf das Coltan im Kongo, die Kohle in Kolumbien (allein 2010 wurden acht Millionen Tonnen nach Deutschland geliefert), das Erdgas in Sibirien, das Erdöl unter den abschmelzenden Polkappen, das Obst aus Neuseeland, das Lithium Boliviens (Akkus für Elektromobile), die Fläche Nordafrikas (Desertec), den Urwald des Amazonasbeckens (Rodungen, um Soja zum Mästen europäischer

Nutztiere anbauen zu können) oder Indonesiens (Palmöl für die chemische Industrie und zur Erzeugung von Biokraftstoffen). Der momentan zunehmende Landraub (»Land Grabbing«) bedarf keiner Waffengewalt, völlig hinreichend ist der alltägliche Wahnsinn steigender Konsum- und Mobilitätsansprüche.

In Niedersachsen ist Anfang 2012 eine interessante Situation eingetreten: Erstmals reichen die Flächen dieses Bundeslandes nicht mehr, um den eigenen Bedarf an Getreide zu befriedigen. Der Grund? Immer mehr Landwirte haben die bisherige Getreideproduktion auf Energiemais umgestellt, denn dies wirft dank der EEG-Einspeisevergütung höhere Renditen ab. Wo wird das fehlende Getreide nun wohl herkommen?

Nicht nur Flächen und Ressourcen, mit denen hiesige Energiesklaven gefüttert werden, sondern auch die an entfernt liegenden Produktionsstätten erbrachten Arbeitsleistungen, zumeist in Asien, können einverleibt werden. Wer wäre in Europa dazu bereit, zwölf Stunden am Tag Bluejeans zusammenzunähen, iPads zu montieren oder bis zum Knöchel in den verseuchten Abwässern indischer Elektroschrottverwerter zu waten? Die schmutzigen Vorleistungen, von denen der hiesige Wohlstand zehrt, werden also nicht nur von Energiesklaven, sondern auch von »echten« Arbeitskräften erbracht. Zusätzlich zur direkten Ressourcenvereinnahmung werden indirekt durch die ausgelagerten Arbeitsstationen weitere Mengen an Energie, sonstigen Ressourcen sowie Flächen verbraucht.

Auch in umgekehrter Bewegungsrichtung lassen sich globusweit entfernte Ressourcen perfekt erschließen. Eine boomende Verkehrs- und Tourismusindustrie ebnet den Weg in die entlegensten Restbestände attraktiver Landschaft. Deren Erschließung durch physische Präsenz setzt nicht nur voraus, in den Zielgebieten komfortable Infrastrukturen zu schaffen, sondern eine ungehinderte Mobilität zu entfesseln. Flugreisen und luxuriöse Kreuzfahrten sind für immer mehr Menschen erschwinglich. Kein anderes (zumindest legales) Mittel verleiht einem einzelnen Individuum eine derartige Hebelwirkung, was den Energieverbrauch pro investierter Zeit- und Geldeinheit anbelangt. Eine Flugreise (inklusive Rückflug) nach New York verursacht pro Person durchschnittlich etwa 4 Tonnen, nach Australien etwa 14,5 Tonnen CO_2. Die beispiellose Zunahme ausgerechnet dieser ökologischen Schadensmaximierung ist dem Umstand geschuldet, dass sowohl private als auch berufliche Praktiken auf fortschreitender räumlicher Entgrenzung beruhen. Im Berufsleben ersetzt globale Mobilität zunehmend substanzielle Arbeit: Heute eine Besprechung in Los Angeles, übermorgen ein wichtiger Termin in Paris, danach findet in New York ein Experten-Workshop statt, nicht zu vergessen das Entwicklungsprojekt in Nairobi am kommenden Montag.

Die Demokratisierung des Wohlstandes hat nicht nur eine konsum-, sondern inzwischen auch eine mobilitätsgierige Masse hervorgebracht. Globalisierungsgegner, die zwischen Seattle, Heiligendamm, Davos und dem nächsten Weltsozialforum pendeln, um für die gute Sache zu demonstrieren, sind selbst so globalisiert, dass viele von ihnen längst einen Mengenrabatt auf Flugtickets verdient hätten. Auch die Schöpfer des Bologna-Prozesses scheinen mit der Flugindustrie auf gutem Fuß zu stehen. Das Auslandssemester, das Praktikum in Übersee, die für eine Abschlussarbeit dringend notwendige Feldforschung in Südafrika etc. verwandeln das Bildungssystem allmählich in eine Bildungsindustrie, zumindest gemessen am Kerosininput.

In seinem kurzweiligen Essay »Lost and Sound – Berlin, Techno und der Easyjetset« weiß der taz-Journalist Tobias Rapp zu berichten, dass die europäische Party-Metropole an der Spree Wochenende für Wochenende von geschätzten 10.000 Billigfluggästen heimgesucht wird. Und warum? Nur weil hier ein vermeintlich besserer DJ auflegt als in Madrid, Tel Aviv, New York, Stockholm oder von wo aus sich die hedonistische Internationale gerade auf den Weg begibt. Das unbekümmerte Fliegen von Party zu Party war früher einer Elite vorbehalten, heute ist diese Form der individuellen CO_2-Schadensmaximierung zu einem unhinterfragten Normalzustand gereift. Das entgrenzte Easyjet-Weltbürgertum kennt viele Ziele und Beweggründe dafür, es mit der individuellen CO_2-Bilanz nicht so genau zu nehmen. Mal ist es die coole Party, mal der billige Sex, ein andermal der verheißungsvolle Shopping-Nachmittag. Manchmal ist es sogar der Weltrettungsinstinkt: Wo findet noch gleich das nächste Weltsozialforum oder der nächste Nachhaltigkeitsgipfel statt?

Plündernde Lebensstile erweisen sich überdies als ansteckend. Die Sweat-Shop-Arbeitskräfte in den Schwellenländern entwickeln zusehends ähnliche Wohlstandserwartungen wie jene, die es sich am anderen Ende der Produktionskette gut gehen lassen. Auch in China und Indien steigt die Arbeitsproduktivität und somit nicht nur der Energieaufwand, sondern auch der Anspruch auf einen entsprechenden Anteil an der Wertschöpfung. So werden der Übergang von körperlicher zu symbolischer Arbeit und die damit einhergehende Bedarfsexplosion globalisiert. Lautmalerisch unterstützt wird diese Tendenz von einem digitalen Humanismus, dem zufolge jedes afrikanische Kind demnächst mit einem sogenannten »100-Dollar-Notebook« nebst Internetanschluss ausgestattet werden soll. Dies erlaubt den Blick in die Schaufenster einer bunten Warenwelt, eines bequemen Lebens, prestigeträchtiger Karrieren, attraktiver Reiseziele inklusive Onlinebuchung günstiger Flugtickets dorthin.

Bei hinreichender Verbreitung des auf Entgrenzung beruhenden Wohlstandsmodells (gebietet dies nicht der Imperativ globaler Gerechtigkeit!?) müsste die Erde irgendwann ausschließlich von wohlsituierten Konsumenten bevölkert sein, die allerdings niemanden mehr haben, dem sie die Schmutzarbeit der physischen Produktion zuschieben können – außer einer gigantischen technischen Infrastruktur, deren Ressourcenverbräuche dann vermutlich nur noch durch die Erschließung eines neuen Planeten zu befriedigen wären. Dinghafter

Wohlstand – und zwar maß- und grenzenlos – ist nicht mehr an eigene dinghafte Beiträge gebunden, sondern an die Integration in das industrielle Versorgungssystem. Wie schon gesagt, um sich den Zugang zu sichern, ist Geld vonnöten, und zwar als »Entlohnung« für mehr oder weniger symbolisches Handeln. Wie gelingt es nun, in der Hierarchie der Symbolproduktion möglichst hoch aufzusteigen? Durch Bildung!

Wissen als Quelle für Wohlstand?

Liegt nicht die Quelle und folglich die Rechtfertigung der wundersamen Wohlstandsmehrung in einer Zunahme an Bildung, die den entscheidenden menschlichen Inputfaktor darstellt, also »Kopfarbeit«? Wenngleich der emsig gepflegte Mythos einer Wissensgesellschaft zu derlei Assoziationen einlädt, lässt sich über eines schwer hinwegtäuschen: Bis heute existiert kein Auto oder Flugzeug, das sich mit flüssigem Wissen anstelle mit Benzin bzw. Kerosin auftanken lässt. Genauso wenig handelt es sich bei Shopping-Centern, Kohlekraftwerken, Windkraftanlagen, Mobiltelefonen, Kreuzfahrten, Hotelübernachtungen etc. um geronnenes Wissen, sondern um materiellen Output. Tatsächlich ließe sich eher konstatieren, dass gesteigertes Wissen einfach nur dazu verholfen hat, ökologische Ressourcen, insbesondere Energie und Flächen, zusehends effektiver zu plündern und in noch mehr Mobilität oder Konsum zu transformieren.

Dennoch oder gerade deshalb wird seit langem eine beispiellose Mobilmachung des Bildungs- und Wissenschaftssektors propagiert. Das Wohl und Wehe moderner Gesellschaften hinge davon ab, so wird unter panischer Beschwörung der internationalen Wettbewerbsfähigkeit suggeriert, möglichst viele Menschen mit einem akademischen Abschluss zu versehen. Ganz gleich ob Ganztagsschulen, Bologna-Prozess, Bildungsaufenthalte an den entlegensten Orten oder computerisierte Klassenzimmer – der pädagogische Fortschrittseifer schreckt vor nichts zurück. Muss er auch nicht, denn innerhalb eines politischen Überbietungswettbewerbs kristallisiert sich der Fluchtpunkt heraus, Bildung und Wissenschaft als Universallösung für alle gegenwärtigen Probleme zu betrachten.

Aber was, wie und zu welchem Zweck lernen junge Menschen heute? Der Vollzug des modernen Bildungsideals konditioniert Individuen, die vollständig in die entgrenzte Arbeitsteilung und Mobilität eingebunden sind. Junge Menschen werden mit hoher Reflexions- und Kommunikationsfähigkeit ausgestattet, verfügen aber über eine manuelle Kompetenz, die sich zusehends auf die Bedienung eines Touchscreens beschränkt. Diese praktisch-handwerkliche Beunfähigung ist der Preis für ein bequemes Dasein, dessen materielle Basis sich aus purer Delegation speist. Die bildungspolitische Unrast kennt im Wesentlichen nur ein Ziel: möglichst jeden Menschen mit einem Zertifikat zu versehen, um ihn an der abstrakten Arbeitsteilung und einem komfortablen, mühelosen Leben teilhaben zu lassen.

Dieses Versprechen löst eine weitere Anspruchsdynamik aus. Wer genug akzeptierte Stationen eines Bildungsweges absolviert hat, verbindet damit das Recht auf einen Arbeitsplatz, welcher exakt der erworbenen Qualifikation entspricht. Ebenso wird erwartet, dass mit der erlangten Position innerhalb der Bildungshierarchie eine bestimmte Einkommensuntergrenze korrespondiert. Was könnte für einen promovierten Philosophen oder Mathematiker schmachvoller sein, als an der Kasse von Lidl zu landen? Indem die brachiale Aufblähung des Bildungssektors damit begründet wird, gerechtere Teilhabemöglichkeiten zu schaffen, wird sein hierarchischer Charakter nur bestätigt. Andere Daseinsformen, die auf praktischer oder bescheidener Lebenskunst beruhen, gar handwerkliche Kompetenzen voraussetzen, werden als »bildungsfern« diskreditiert.

Zwischenfazit: Die Rückkehr zur Sesshaftigkeit und zum menschlichen Maß

Durch die vorangegangenen Ausführungen sollte vor allem folgende These untermauert werden: Die enormen Steigerungen des materiellen Wohlstandes seit Beginn der Industrialisierung beruhen allein auf ökologischer Plünderung. Der Mythos vom Effizienzfortschritt oder anderen Ausprägungen menschlicher Schaffenskraft, mit denen das Wachstum an Gütern, Mobilität und Komfort angeblich »erarbeitet« wurde oder als »Verdienst« für eigene Leistungen zu legitimieren wäre, sind abstrus. Technische Innovationen und neues Wissen mögen die Wohlstandsentwicklung entscheidend geprägt haben. Aber bei genauerem Hinsehen entpuppt sich dieser »Fortschritt« lediglich als effektiver Hebel, der dazu befähigt, sich mit minimalem eigenem physischem Einsatz ein zunehmendes Quantum an physischen Leistungen anzueignen. Dieses wachsende Missverhältnis spiegelt eine dreifache Entgrenzung materieller Ansprüche wider, nämlich zum einen von den eigenen körperlichen Fähigkeiten (mit Hilfe ganzer Heerscharen von Energiesklaven), von den in unmittelbarer Reichweite vorhandenen Ressourcen (mit Hilfe globaler Wertschöpfungsketten) und von den Möglichkeiten der Gegenwart (mit Hilfe von Verschuldung).

Die logische Konsequenz bestünde in der Rückkehr zum »menschlichen Maß« – so drückten sich Leopold Kohr und Friedrich Schumacher seinerzeit aus – als Synonym für die Einhegung körperlicher, räumlicher und zeitlicher Entgrenzung. Unausweichlich wird damit die Frage, innerhalb welcher materiellen Grenzen sich individuelle Selbstverwirklichung so entfalten könnte, dass sie verantwortbar ist. Das naheliegende Kriterium der physischen und zeitlichen Übertragbarkeit eines Lebensstils erinnert an den kategorischen Imperativ Immanuel Kants. Demnach dürfte jeder Mensch durchschnittlich ein Quantum an ökologischen Ressourcen verbrauchen, von dem sich sagen lässt, dass dann, wenn alle anderen Erdbewohner sich ähnlich verhalten, die irdische Tragekapazität dauerhaft erhalten werden kann. So angreifbar diese Gerechtigkeitsvorstellung auch sein mag, alle Alternativen dürften sich nur noch schwieriger begründen, geschweige denn den Menschen in Asien, Afrika oder Lateinamerika vermitteln lassen. Würde diese Logik auf den Klimaschutz angewandt, ergäbe sich nach Auffassung des Wissenschaftlichen Beirates für Globale Umweltveränderungen (WBGU) eine individuelle CO_2-Menge von circa 2,7 Tonnen pro Jahr, zumindest bei einer Weltbevölkerung von sieben Milliarden Menschen. Nur so, wenn überhaupt noch, ließe sich das Zwei-Grad-Klimaschutzziel der EU erreichen.

Die Orientierung am menschlichen Maß als Antwort auf einen entgrenzten Aktionsradius bedeutet zugleich eine Rückkehr zur Sesshaftigkeit. Denn ein CO_2-Budget von 2,7 Tonnen lässt keine großen Sprünge zu. Die überhandnehmende globale Mobilität wäre damit genauso unvereinbar wie eine Aneignung von Gütern, zu deren Erzeugung entfernt liegende Ressourcenquellen und Flächen ausgeschöpft werden. Eine ökologische Wiedereinbettung der Güterproduktion setzt nicht nur verkürzte Wertschöpfungsketten voraus (also eine geringere Distanz zwischen Verbrauch und Herstellung), sondern auch Technologien mit kürzerer Reichweite. Friedrich Schumacher und Leopold Kohr haben den Begriff der »mittleren Technologie« geprägt. Von Ivan Illich stammt das Konzept der »konvivialen Technologie«. Grob vereinfacht handelt es sich dabei um Hilfsmittel, welche zwar die Produktivität menschlicher Arbeitskraft erhöhen, diese aber nicht ersetzen. Fahrräder, mechanische Nähmaschinen, ökologischer Landbau, Angelruten, mechanische Rasenmäher, Handwerkszeuge, Mehrwegverpackungen, Segelschiffe, reparable Holz- und Metallprodukte etc. sind nur einige Beispiele für Technologien bzw. Designs, die vergleichsweise arbeitsintensiv sind, dafür aber umso weniger Energieträger, Fläche und Kapital benötigen. Natürlich wären weiterhin Industrieprodukte und konventionelle Verkehrsmittel nötig, aber nur als sparsame Ergänzung, also in deutlich reduzierten Quantitäten und innerhalb der oben genannten materiellen Grenzen.

Eine Abkehr von der allgegenwärtigen Manie, die Arbeitsproduktivität mittels energieumwandelnder Technologien um jeden Preis zu steigern, hat noch eine weitere Bedeutung. Mit der Arbeitsproduktivität steigt auch das mindestens erforderliche Wachstum des Bruttoinlandsprodukts, welches nötig ist, um eine bestimmte Anzahl von Arbeitskräften weiterhin beschäftigen zu können. Denn es sind dann weniger Arbeitskräfte nötig, um den bisherigen Output zu produzieren. Arbeit sparender technischer Fortschritt wird also zu einem sozialen Wachstumstreiber, es sei denn, die durchschnittliche Arbeitszeit wird reduziert, sodass alle Beschäftigten statt wie bisher circa 40 nur noch 30 oder langfristig 20 Stunden arbeiten. Unter dieser Bedingung könnte dieselbe Anzahl an Arbeitnehmern auch ohne Wachstum beschäftigt bleiben.

Die andere Möglichkeit, das Dilemma zu lösen, bestünde darin, die Arbeitsproduktivität eben nicht weiter zu erhöhen, sondern sogar punktuell zu senken. Dies gelänge durch einen geringeren Grad an Spezialisierung und die erwähnten mittleren Technologien, sodass anstelle von Energiesklaven mehr handwerkliche und manuelle Arbeitsleistung genutzt würde. Dies ginge mit einer Verkürzung von Wertschöpfungsketten einher. Ganz gleich, wie die beiden Auswege kombiniert werden, um eine plünderungsfreie Versorgung zu gewährleisten: Art und Umfang des derzeitigen Wohlstandes ließen sich nicht aufrechterhalten.

Wäre es denkbar, eine erheblich reduzierte Industrieproduktion mit arbeitsintensiven Verrichtungen so zu verknüpfen, dass kein »Rückfall ins Mittelalter« erfolgt, sondern technisch komplexe Güter weiter verfügbar sind? Dies könnte folgendermaßen gelingen: Handwerkliche und manuelle Tätigkeiten müssen nicht notwendigerweise innerhalb industrieller Prozesse zum Einsatz gelangen oder diese (teilweise) ersetzen. Sie könnten stattdessen im Anschluss an die eigentliche Produktion dazu beitragen, dass die Güter länger genutzt und ausgeschöpft werden. Mittels eigener Instandhaltungs-, Pflege- und Reparaturmaßnahmen ließe sich die Nutzungsdauer der Produkte verlängern. So könnte eine verringerte Produktionsmenge durch ergänzende handwerkliche Leistungen »gestreckt« werden – und zwar eigenhändig von den Nutzern (Näheres hierzu und zum Folgenden siehe Kapitel VI).

Zusätzlich könnte eine verstärkte Gemeinschaftsnutzung dafür sorgen, dass eine verringerte Anzahl von Gebrauchsgegenständen den Bedarf möglichst vieler Menschen befriedigt. Warum soll ein Rasenmäher nicht für zehn Haushalte reichen? Auch diese Art der produktionslosen Bedürfnisbefriedigung könnte von den Nutzern selbst organisiert werden – anstatt gleich wieder irgendeine marktfähige Dienstleistung daraus zu stricken. Ergänzend dazu ließe sich die oben angesprochene Sesshaftigkeit auch als ökonomisches Konzept verankern, indem die Güterversorgung vorrangig lokal und regional erfolgt. Dies wären erste Schritte zur Rückbindung maßlos entgrenzter Bedarfe, nämlich an die eigenen Leistungen und an ein nicht beliebig vermehrbares Quantum gegenwärtig verfügbarer Ressourcen. Natürlich wären weitere Vorkehrungen notwendig, um die Ausdehnung leistungsloser Ansprüche und Einkommen zu regulieren.

Alle Praktiken, welche dazu verhelfen, materiell über seine Verhältnisse zu leben, schmälern auf einem endlichen Planeten die Möglichkeiten anderswo oder in der Zukunft lebender Menschen. Wenn »Ausbeutung« darin besteht, sich materielle Werte anzueignen, die in keiner reziproken Beziehung zur eigenen Leistung stehen, dann ist sie keineswegs Unternehmern vorbehalten, wie der Marxismus suggeriert. Konsum ist ein mindestens so gutes Ausbeutungsinstrument, zumal entgrenzter materieller Wohlstand nur aus ökologischer Plünderung entstehen kann. Aber nicht nur aus diesem Grund liegt es nahe, sich mit dieser spezifischen Versorgungspraktik näher zu beschäftigen.

Kapitel III
Freiheit als Illusion – neue Abhängigkeiten

Die perfekte Synthese von zeitlicher, räumlicher und körperlicher Entgrenzung besteht darin, sich ausschließlich konsumtiv zu versorgen. Dies setzt auf der Angebotsseite eine entsprechend leistungsfähige industrielle Arbeitsteilung voraus. Konsumierende Individuen müssen sich in dieses System einfügen, indem sie sich auf Verrichtungen spezialisieren, die nicht eigener Versorgung dienen, sondern durch die das Einkommen zur Finanzierung der externen Güterzufuhr erzielt wird. Somit müssen sie ihre Fähigkeiten und Zeit einer arbeitsteiligen Produktion zur Verfügung stellen. Die solchermaßen miteinander verzahnten angebots- und nachfrageseitigen Spezialisierungen ergänzen sich zu dem, was im Folgenden als Fremdversorgungssystem bezeichnet werden soll.

Wer hoch fliegt, fällt umso tiefer

Das System der Fremdversorgung verursacht nicht nur die bereits skizzierten Entgrenzungsvorgänge, sondern noch etwas anderes. Wenn Bedürfnisse, die vormals durch handwerkliche Tätigkeiten, Eigenarbeit, Subsistenz, lokale Versorgung und soziale Netzwerke befriedigt wurden oder denen schlicht mit Entsagung begegnet werden konnte (oder musste), Zug um Zug durch käufliche Produkte, Dienstleistungen und Komfort generierende Automatisierung/Mechanisierung abgedeckt werden, ist die Existenzsicherung schicksalhaft äußeren Umständen ausgeliefert.

Diese Folgen des Fremdversorgungssyndroms offenbaren sich, wenn auf den damit zwingend einhergehenden strukturellen Wandel auf der Nachfrageseite fokussiert wird. Indem Haushalte jede Fähigkeit zur Selbstversorgung zugunsten eines spezialisierten Arbeitsplatzes aufgeben, der ein monetäres Einkommen mit höherer Kaufkraft verspricht – das ist der allgegenwärtige Lockvogel des mühelosen und prosperierenden Lebens –, begeben sie sich in mehrfache Abhängigkeiten. Das vollständig fremdversorgte Individuum benötigt den Zugriff auf nie versiegende Geldquellen, die durch Erwerbsarbeit im Industrie- und Dienstleistungssektor, durch Unternehmensgewinne oder staatliche Transferleistungen gespeist werden. Der solchermaßen von äußerer Zufuhr abhängige *homo consumens* wäre zum Aussterben verdammt, wenn alle Supermärkte der Welt vier Wochen lang geschlossen wären. Denn jegliche Fähigkeiten, durch eigene substanzielle, manuelle, handwerkliche Leistungen oder lokale Ressourcen direkt zum Erhalt menschlicher Daseinsgrundfunktionen beizutragen, sind ihm beim Erklimmen immer höherer Versorgungsniveaus, die wiederum spezialisierte Tätigkeiten im arbeitsteiligen Wertschöpfungsprozess erfordern, abhandengekommen.

Die Geldabhängigkeit wächst mit kulturell induzierten Ansprüchen an materielle Selbstverwirklichung. Einher damit geht auch eine stetige Anhebung des monetären Versorgungsminimums, also dessen, was als Armuts- oder Zumutbarkeitsgrenze deklariert wird. Insoweit jede Facette des menschlichen Daseins, jedes noch so belanglose Strukturieren von Zeit mit dem Abruf irgendwelcher Konsumobjekte oder Komfort erzeugender Infrastrukturen verbunden ist, muss auch das Soziale komplett im Ökonomischen aufgehen. Denn nach dieser Logik bedeuten individuelle Freiheit und eine angemessene Teilhabe an der Gesellschaft, sich so viel leisten zu können wie andere. Folglich kann sich sozialer Fortschritt nur als ökonomische Expansion (also noch mehr Fremdversorgungsleistungen) artikulieren, ganz gleich, ob die extern zugeführten Leistungen vom Markt oder vom Staat abgerufen werden.

Aber wer hoch fliegt, fällt umso tiefer. Komfortable Fremdversorgung wird mit enormer Verletzlichkeit erkauft. Kein Wunder also, dass mit dieser Art von Wohlstand zwangsläufig auch die Angst wächst, genauer: die Verlustangst. Je höher nämlich das erklommene Niveau an Komfort, Mobilität und Konsum, umso katastrophaler der Absturz, wenn all dies plötzlich entzogen wird. Die Hilflosigkeit wird noch dadurch beflügelt, dass der Weg in den Überfluss bedeutet, sich eigener nichtkonsumtiver Fähigkeiten zu entledigen. Wer es sich in der wattierten Nonstop-Rundumversorgung gemütlich gemacht hat, kann nicht zugleich die Souveränität eines Individuums bewahren, das seine Ansprüche nur an jene Möglichkeiten bindet, die nötigenfalls durch eigene Leistungen reproduziert werden können. Wer den ersten Weg geht, lebt in ständiger Angst vor dem Weniger. Deshalb ist Fremdversorgung nicht nur Folge und Ursache für geteilte Zukunftserwartungen, sondern prägt auch eine Angstkultur, ist also Quelle für geteilte Zukunftsängste. Genauso wie ein Heroinabhängiger wider besseres Wissen den Dealer schützt, steigt beim Geldabhängigen mit zunehmendem Konsumniveau die panische Angst davor, dass die Geld speiende Wachstumsmaschine auch nur ins Stocken geraten könnte. Dieser Sachzwang beherrscht und marginalisiert den Manövrierspielraum einer nachhaltigen Entwicklung: Sie steht immer unter dem Vorbehalt, das geldbasierte Wohlstandsmodell nicht anzutasten.

Landläufige Kapitalismuskritik vermag dieses Phänomen nicht zu erfassen, denn marxistisch grundierten Zukunftsentwürfen wohnt dasselbe auf komfortabler Fremdversorgung beruhende Freiheits- und Fortschrittsideal inne. Sowohl die immense soziale Fallhöhe als auch die ruinösen Entgrenzungstendenzen lassen sich nicht dadurch beseitigen, dass der durch Ressourcenplünderung erzeugte Output einfach nur gerechter verteilt wird oder die Eigentumsverhältnisse verändert werden. Seine Existenz als solche wäre zu hinterfragen, zumindest sein quantitatives Ausmaß. Wenn wir den Rückbau überzogener Ansprüche nicht selbst vornehmen, werden schicksalhafte Umstände den Job übernehmen – aber nicht mit Samthandschuhen.

»Peak Everything«: Konsumgesellschaften verlieren ihre materiellen Grundlagen

Die auf permanenter Konsum- und Mobilitätssteigerung basierende Ökonomie moderner Gesellschaften weist eine Achillesferse auf. Sie betrifft den Aufwand an notwendigen Inputs, bei denen es sich um fossile Energieträger – in erster Linie Rohöl – und viele andere Ressourcen handelt. Mittlerweile vollzieht sich in etlichen ehemaligen Entwicklungsländern eine »Konsumrevolution«. Die Entstehung einer globalen Mittelschicht, erweitert um mehr als 1,1 Milliarden »neuer Konsumenten«, treibt durch eine zusätzlich induzierte Güternachfrage die Rohstoffpreise nach oben. Gerade weil die Versorgung auf immer längeren Lieferketten beruht, baumelt das nördliche Konsummodell schicksalhaft an den dünnen Fäden der Versorgung mit billigem Öl. Aber nun nähert sich das irdische Fördermaximum und wird in absehbarer Zeit erreicht; vielleicht ist dieser »Peak Oil« aber auch bereits überschritten? Jüngst ließ jedenfalls Fatih Birol, Chefökonom der diesbezüglich chronisch optimistischen Internationalen Energieagentur (IEA), verlauten, dass wir an Ölquellen vier neue Saudi-Arabien entdecken müssten, um das derzeitige Erdölangebot aufrechterhalten zu können.

Entscheidend ist dabei nicht, ob die absoluten Fördermengen sinken, sondern um wie viel höher die Nachfrage ist. Infolge der nachholenden Entwicklung in den Schwellenländern trifft eine explodierende Nachfrage auf ein stagnierendes Angebot. Dies entfacht absehbar eine Preisdynamik, welche zur Erosion der ökonomischen Basis weiteren Wachstums beiträgt. Die Möglichkeit, dass der Preis für ein Barrel Rohöl in näherer Zukunft auf über 200 US-Dollar steigt, wird mittlerweile selbst von der IEA nicht mehr ausgeschlossen. Und was dann?

Im Jahr 2010 sorgte eine Studie der Bundeswehr für Furore, welche die ökonomischen Folgen des Peak-Oil-Phänomens auf den Punkt bringt. Von »ökonomischen Tipping Points« und »Kettenreaktionen«, die das Weltwirtschaftssystem destabilisieren, ist darin zu lesen. Mittelfristig breche das globale Wirtschaftssystem und jede marktwirtschaftlich organisierte Volkswirtschaft zusammen. Ein Systemkollaps sei unumgänglich. Angesichts seines Globalisierungsgrades resultiere daraus für Deutschland auch unabhängig von der eigenen Energiepolitik ein hohes Risiko. Kein Wunder: Wenn die physische Herstellung eines immer größeren Teils unserer Konsumgüter in China, Indien und Co. erfolgt, wäre die brenzlige Erdölabhängigkeit nicht einmal dadurch zu bändigen, dass hierzulande die Blütenträume einer Energiewende umgesetzt würden.

Inzwischen mausert sich »Peak Oil« längst zum »Peak Everything«. Neben knappen Ressourcen wie beispielsweise Lithium für Akkus und Coltan für Handys tauchen Seltene Erden in immer mehr Produkten auf, die aus unserem täglichen Leben nicht mehr wegzudenken sind und von deren massenhafter Vermarktung sich moderne Ökonomien längst abhängig gemacht haben. Der Nachfragezuwachs ist auf innovative, zuweilen sogar »grüne« Technologien zurückzuführen. Mobiltelefone, Computer und Flachbildschirme können ohne Seltene Erden ebenso wenig hergestellt werden wie LED-Lampen, Elektro- und Hybridautos. Derartige Fahrzeuge sind ähnlich wie manche Windanlagen von Neodym abhängig, etwa für die Produktion von Permanentmagneten. Ein Hybridfahrzeug enthält bis zu zwölf Kilogramm Seltene Erden. Bei hinreichendem Fremdversorgungsgrad existiert kein gesellschaftliches Teilsystem, Produkt und Infrastrukturelement, welches nicht wenigstens indirekt von fossilen Energieträgern, Seltenen Erden oder knappen Metallen abhängig ist.

Die Entfesselung ungeheurer Kaufkraftzuwächse infolge weltweit verzweigter, Kostendifferenzen abschöpfender Herstellungsketten wird folglich mit einer nie dagewesenen Instabilität erkauft. Fremdversorgungsabhängigkeit maximiert das Risiko des sozialen Absturzes, etwa wenn Arbeitsplätze wegfallen, hohe Preise die Kaufkraft senken oder die externe Zufuhr lebensnotwendiger oder kritischer Inputs ausbleibt. Die kommenden Finanz- und Verschuldungskrisen erledigen ein Übriges. Deshalb lässt sich der Nachhaltigkeitsbegriff zusehends als Anforderung an erhöhte »Resilienz« auslegen. Dies sind Vorkehrungen, die den absehbaren Aufprall dämpfen. Auch aus dieser Perspektive zeigt sich, dass der Rückbau des maßlos gewordenen Fremdversorgungsniveaus die letzte Option ist, die uns noch bleibt. Nur so lässt sich die inzwischen erreichte soziale Fallhöhe verringern.

Kapitel IV
Mythos Entkopplung – die Mär vom »grünen Wachstum«

Noch ist der überwiegende Teil der Menschheit nicht so weit, die naheliegenden Konsequenzen aus den Verwerfungen des industriellen Fremdversorgungssystems zu ziehen. Natürlich ist es schwer, sich von lieb gewonnenen »Errungenschaften« zu trennen, deren Unverantwortbarkeit über Jahrzehnte hinweg mit Vorstellungen von Fortschritt und Freiheit übertüncht wurde. Und nun sind wir abhängig, weil wir jede Übung verloren haben, es anders zu machen. Gäbe es einen unbeteiligten Beobachter, der dieses Schauspiel aus dem All verfolgt, so müsste er die Frage stellen, ob moderne Konsumgesellschaften überhaupt noch reformfähig oder nicht längst schon therapiebedürftig sind. Dummerweise haben wir keine Therapeuten. Ganz im Gegenteil sind wir einem Trommelfeuer von Durchhalteparolen ausgesetzt. Ihr verlockender Tenor besteht darin, uns die beste aller Welten zu versprechen.

So erzählen uns Vertreter aus Politik, Wirtschaft und Wissenschaft unbeirrt das Märchen vom »qualitativen«, »entkoppelten« oder »dematerialisierten« Wachstum. Manche nennen diese Zauberkunst auch »grünes Wachstum«, »Green New Deal« oder »dritte industrielle Revolution«. Innovationen in Form nachhaltiger Produkte, Technologien und Infrastrukturen sollen zwei Fliegen mit einer Klappe schlagen: Einerseits wird die Ökologie geschützt, andererseits soll niemandem eine Zurückstellung seiner/ihrer Selbstverwirklichungsansprüche oder Gewinnaussichten zugemutet werden. Das Ganze mutet wie eine magische Diät für Übergewichtige an. »Friss das Doppelte – und nimm ab dabei!« Solange die Hoffnung, dass ökonomisches Wachstum bei hinreichend innovativen Technikentwicklungen von Ressourcenverbräuchen und Umweltschäden entkoppelt werden kann, nicht als Schimäre entlarvt ist, besteht für die Akzeptanz geschweige denn Durchsetzbarkeit wachstumskritischer Positionen nicht der Hauch einer Chance.

Das Konzept einer auf klugen Innovationen beruhenden Vereinbarkeit von Umweltschutz und permanenter ökonomischer Expansion kennt zwei Ausprägungen. Zum einen soll die stoffliche Entkopplung unseres Wohlstands mittels erhöhter Ressourcenproduktivität und *Effizienz* erreicht werden. Hier geht es also um die Reduktion des Inputs, den wir vorn in die Wohlstandsmaschine hineinstecken, um ein bestimmtes Ergebnis zu erhalten. So wäre beispielsweise ein

Drei-Liter-Auto um den Faktor zwei effizienter als ein Sechs-Liter-Auto oder ein Passivhaus um den Faktor fünf bis sieben effizienter als ein normales Einfamilienhaus. In beiden Fällen wird weder den Nutzern noch der Wirtschaft irgendetwas zugemutet, denn der Konsum bzw. die Mobilität und die Produktion können ungestört weiter wachsen. Es werden nur die Objekte ausgetauscht.

Die andere Spielart der Entkopplung besteht in geschlossenen Stoffkreisläufen und regenerativen Energien. Dieses Prinzip wird als ökologische *Konsistenz* bezeichnet. Es beruht darauf, die Arbeitsweise der Ökosphäre zu kopieren, also die Qualität der verwendeten Materialien und Energieträger so anzupassen, dass diese niemals Schäden verursachen, sondern vollständig in ökologische Kreisläufe eingebunden sind. Kompostierbare T-Shirts und Verpackungen zählen ebenso dazu wie essbare Flugzeugsitze oder Computer, die niemals zu Abfall werden, weil sämtliche Bestandteile wiederverwendbar sind.

Ein weiteres Flaggschiff dieser Variante der ökologischen Modernisierung sind die erneuerbaren Energien. Diesen wird nach offizieller Lesart zugetraut, unser energieträchtiges Wohlstandsmodell vollständig zu erhalten und zugleich die Umwelt, insbesondere das Klima, zu entlasten.

Allerdings ist dieses Rundherum-Sorglos-Versprechen trotz intensivster Fortschrittsbemühungen bislang nicht nur auf spektakuläre Weise gescheitert, sondern hat sogar speziell im Energiebereich zu manchen Verschlimmbesserungen geführt. Und dies liegt nicht an zufälligen Missgeschicken, die prinzipiell vermeidbar wären, sondern hat systematische Gründe. Die trotz alledem hartnäckig beschworene These, wonach eine ökologische Neutralisierung industriell-arbeitsteiliger Wertschöpfung prinzipiell möglich sei, lenkt alle Anstrengungen auf die Beseitigung vermeintlich politischer Unzulänglichkeiten, so als würde eine theoretisch fehlerfreie Konzeption an einer fehlerhaften Realität scheitern. In diese Trutzburg haben sich die Protagonisten der ökologischen Effizienz und Konsistenz eingemauert, um sich einer lästigen Erkenntnis zu entziehen: Wie soll jemals praktisch wahr werden, was nicht einmal theoretisch funktioniert?

Zunächst ist eine Unterscheidung zu treffen, nämlich zwischen relativer und absoluter Entkopplung. Die Erstgenannte führt dazu, dass der ökologische Schaden pro Einheit des Bruttoinlandsprodukts (etwa die durchschnittliche CO_2-Menge pro monetär gemessener Wertschöpfungseinheit, also pro zusätzlichem Euro) tendenziell sinkt, während die Letztgenannte nach vorherrschender Auslegung darauf zielt, eine absolute Senkung ökologischer Belastungen bei gleichzeitiger Zunahme des Bruttoinlandsprodukts zu erwirken.

Die auf den ersten Blick vermeintlich gute Nachricht: Relative Entkopplung lässt sich seit langem in vielen Handlungsbereichen moderner Ökonomien nachweisen, ist mithin zur Praxis jeglichen Umweltschutzes gereift – wohlgemerkt bezogen auf die isolierte Berechnung des Bruttoinlandsprodukts einzelner Länder. Die schlechte Nachricht: Dieses Phänomen stellt keine Lösung dar, sondern wirkt sich problemverschärfend aus. Im Folgenden werde ich darstellen, woran bereits eine relative Entkopplung systematisch scheitert. Danach wird der Blick auf das noch unwahrscheinlichere Unterfangen einer absoluten Entkopplung gerichtet.

Materielle Rebound-Effekte

Entkopplung beruht auf *zusätzlichen* Effizienz- und Konsistenzmaßnahmen, die ihrerseits niemals immateriell sein können, sondern bestenfalls – und auch das ist in den meisten Fällen nicht gesichert, soll aber für den vorliegenden Kontext unterstellt werden – vergleichsweise geringere Stoff- oder Energieflüsse hervorrufen als die jeweils zuvor verwendeten Technologien oder Produkte. Dieser ohnehin nur graduelle Vorteil kann durch den hierzu notwendigen Zuwachs an materiellen Bestandsgrößen (Gebrauchs- und Investitionsgüter, Infrastrukturen, Produktionsanlagen etc.) überkompensiert werden. Paradoxerweise ist dies umso wahrscheinlicher, je innovativer die fraglichen Lösungen sind. Denn mit zunehmendem Innovationsgrad sind die Letzteren nicht durch eine Umrüstung vorhandener Produktionsanlagen zu realisieren. Vielmehr müssen zu deren Herstellung neue Kapazitäten und Infrastrukturen aufgebaut werden. Das gilt beispielsweise für

Passivhäuser: Das Gros der zu durchlaufenden Wertschöpfungsstufen des Bausektors ist mit den Besonderheiten dieses Gebäudetyps noch immer überfordert. Also kann es kaum verwundern, dass *zusätzlich* zum konventionellen Bereich der Baubranche eine neue Marktstruktur entsteht, die sich auf nachhaltiges Bauen und Wohnen spezialisiert.

Die Abschätzung dieses materiellen Additionseffektes wird zu einer Denksportaufgabe, wenn der Blick erst auf die euphorisch ausgemalte Kombination von Elektromobilität und regenerativer Energie gerichtet wird: Welche *zusätzlichen* Produktionsstandorte, Stromtrassen, Industrien für Speichermedien, IT-Endgeräte zwecks Automatisierung und Smart Metering, Versorgungsstationen für Elektromobile, Entsorgungsindustrien für ausgediente Akkus bilden die Voraussetzung bzw. Folge derartiger Lösungen?

Unbeherrschbare Innovationsrisiken

Ökologische Entkopplung setzt technischen Fortschritt in Form sprunghafter, also innovativer Neuerungen voraus. Aber mit zunehmendem Innovationsgrad wachsen die Risiken infolge zuvor unbekannter Neben- und Langzeitfolgen. Wer konnte es Ende der 1980er-Jahre für möglich halten, dass sich der ökologische Rucksack eines Katalysators allein aufgrund seines Platinbedarfs auf etwa eine Tonne Material beläuft? Weiterhin offenbarte sich im Zuge der massenhaften Verbreitung und folglich mit entsprechender Verzögerung, dass PKW-Katalysatoren Edelmetall-, Keramikfaser-, Lachgas- und Ammoniak-Emissionen freisetzen. Insbesondere die Letzteren werden inzwischen als Grund dafür gesehen, dass sich die Moos- und Flechtenvegetation an den Rändern vielbefahrener Straßen signifikant verändert haben.

Ein weiteres Beispiel: Viele der aktuell diskutierten Entkopplungsstrategien setzen innovative Lösungen im Bereich der Digitalisierung, Mikro- und Halbleiterelektronik vor allem in der drahtlosen Kommunikation voraus. Über die zukünftigen Auswirkungen einer stetig kumulierten Strahlenbelastung – um nur eines der ungelösten Probleme dieses Technologieparadigmas zu benennen – existieren bislang keine verlässlichen Studien. Hierzu wären epidemiologische Langzeituntersuchungen nötig, die aber aus gutem Grund nie stattgefunden haben. Denn mit Hilfe welcher auch nur halbwegs realitätsnahen »Versuchsanordnung« ließe sich ein Phänomen erfassen, dessen raumzeitliche Wirkmächtigkeit auf einen derart komplexen Systemzusammenhang trifft? Somit ist die massenhafte Verbreitung strahlender Endgeräte und Mobilfunkbasisstationen zugleich Experiment und Ernstfall. Und wir alle sind die Versuchskaninchen. Dies führt unweigerlich dazu, dass vorher nicht im entferntesten zu erahnende Nebenwirkungen frühestens mit der Schaffung vollendeter Tatsachen aufgedeckt werden. Aber dann ist es zu spät für Korrekturen: *erstens* weil die bereits eingetretenen ökologischen und gesundheitlichen Schäden nicht mehr rückgängig zu machen sind, *zweitens* weil sich auf dieser Basis längst Verwertungsinteressen herausgebildet haben, die sich bestens zu verteidigen wissen, und *drittens* weil sich moderne IT-Endgeräte zu einer unverzichtbaren Symbolik für individuelle Selbstdarstellung entwickelt haben. Zudem wäre es schlicht undenkbar, alle Mobiltelefone wieder einzusammeln, sollte sich herausstellen, dass deren Strahlenbelastung die Wahrscheinlichkeit von Gehirntumoren und Erbschäden eben doch signifikant erhöht.

Ein weiteres Beispiel für die unbeherrschbaren Ambivalenzen technischer Innovationen bilden derzeit angebotene, besonders preisgünstige Lösungen zur nachträglichen Wärmedämmung durch Isolierschaum. Es könnte sich herausstellen, dass deren Formaldehyd-Ausdünstungen schwerwiegende gesundheitliche Folgen verursachen. Aber wenn dies zu einem empirisch belastbaren Befund geworden ist, sind längst so viele zweischalige Mauerwerke ausgeschäumt worden, dass gesundheitliche Schäden längst eingetreten sind und eine Entfernung des Dämmmaterials kaum oder nur unter prohibitiv hohem Aufwand möglich wäre. Zudem könnte die an diesem Produkt verdienende Industrie längst zu einem unüberwindbaren Machtfaktor gediehen sein.

Ein noch besseres Beispiel dafür, dass die Nebenwirkungen innovativer Entkopplungslösungen oft nicht zu steuern, geschweige denn zu bremsen sind, bietet die Bio-Energie. Die Geschwindigkeit, mit der sich hier ein technologischer Hoffnungsträger als ökologisches und soziales Desaster entpuppte, sucht ihresgleichen. Dennoch ist es für wirksame Korrekturen bereits zu spät: Die schon nach kurzer Zeit etablierten Verwertungsinteressen und Investitionen, die als vollendete Tatsache in der Landschaft stehen, haben längst eine kaum mehr zu bremsende Dynamik in Gang gesetzt. Die nächsten Wellen an ähnlichen, im Vorhinein kaum abschätzbaren Problemverschärfungen und sich verstärkenden Risikopotenzialen zeichnen sich bereits ab: Elektromobilität, Freiflächenphotovoltaik, Desertec, Carbon Capture and Storage (CCS), Pumpspeicherkraftwerke, Smart Homes etc.

Die Tragik innovativer Entkopplungsmaßnahmen besteht nicht zuletzt darin, dass ihr ohnehin nur theoretisches Problemlösungspotenzial auf genau jener Fortschrittslogik gründet, welche die zu lösenden Probleme überhaupt erst verursacht hat. Nach moderner Lesart bedeutet Fortschritt nicht nur, einen aktuellen Zustand zugunsten eines »besseren« zu überwinden, sondern den Letzteren im Neuland noch nicht erschlossener, folglich noch nicht erprobter Möglichkeiten zu verorten. Genau deshalb ist in der innovationsgetriebenen Moderne kein Fortschritt ohne Risiko möglich. Wollte man tiefgreifende Modernisierungsrisiken vermeiden, wäre dies nur zum Preis einer Beibehaltung des aktuellen oder der Wiedererlangung eines vorangegangenen, also bereits erkundeten Zustandes zu haben. Eben diese beiden Alternativen – Stillstand oder Rückschritt – verkörpern die mit Gift und Galle verpönten Antithesen des zeitgenössischen Fortschrittsdogmas.

Der damit vorgezeichnete Weg führt in ein zunehmend komplexeres Gestrüpp aus sich überlagernden und gegenseitig verstärkenden Modernisierungsrisiken. Natürlich stehen den Letzteren – wer würde die Risiken sonst eingehen wollen? – verheißungsvolle Fortschrittschancen gegenüber. Diese materialisieren sich unmittelbar als Erschließung neuer oder als Verteidigung lieb gewonnener Freiheits- und Wohlstandssymbole, während die mitwachsende Risikoseite verdeckt bleibt. Doch auch sie materialisiert sich, nämlich als Anhäufung entfernt, später und in veränderter Gestalt auftretender Nebenwirkungen. Gerade deren Unberechenbarkeit macht es so leicht, Innovationsrisiken vom Wohlstand fein säuberlich zu trennen, so als handle es sich um einen eher zufällig auftretenden Kunstfehler, der durch die nächsten Fortschrittswellen wegoptimiert werden kann.

Diesen Innovationsmechanismus, der jede Problemlösung systematisch mit dem Risiko neuer Probleme erkauft, durch eine nunmehr geläuterte, an Entkopplung orientierte Zielrichtung bändigen zu wollen, bildet einen Widerspruch in sich: Die Nebenfolgen der einen Innovationswelle beschwören die Notwendigkeit einer weiteren herauf, deren Nebenfolgen wiederum die übernächste Innovationswelle erfordert … Die damit immer höher aufgetürmte Risikokulisse wirft moderne Gesellschaften zurück in jenen Zustand, den wir durch unseren Aufbruch in die Moderne überwinden wollten: Schicksalsabhängigkeit.

Verlagerung ökologischer Probleme

Viele vermeintliche Entkopplungsfortschritte waren und sind nie etwas anderes als das Ergebnis einer Verlagerung ökologischer Probleme. Einige Kategorien derartiger Problemverschiebungen sollen kurz skizziert werden.

Zeitliche Verlagerung: Was droht, wenn beispielsweise die ersten Generationen von Photovoltaikpaneelen und Wärmedämmverbundsystemen zu verschrotten sind? Über deren Entsorgung wurde zum Zeitpunkt ihrer Installation nicht im Geringsten nachgedacht, weil durchschnittliche Nutzungsphasen von mindestens zwei Jahrzehnten veranschlagt werden.

Mediale und systemische Verlagerung: Klimaschutzpotenziale, die erneuerbaren Energieträgern zugeschrieben werden, beruhen bei näherer Betrachtung – selbst wenn es netto zu einer CO_2-Senkung kommen sollte – lediglich darauf, den innerhalb eines bestimmten ökologischen Mediums auftretenden Schaden (gasförmiger Aggregatzustand: Emissionen) in ein anderes, ökologisches nicht minder relevantes Medium zu transferieren (fester Aggregatzustand: Fläche). Folglich wird die vergleichsweise weniger CO_2-intensive Elektrizität aus regenerativer Energieversorgung mit Flächenverbräuchen, Eingriffen in die Biodiversität und Verlust an landschaftlicher Ästhetik erkauft. Vor dem Hintergrund einer sich dramatisierenden Verknappung von Flächen (»Peak Soil«) stellt sich die Frage, wie eine Bilanzierung oder Abwägung von derart unterschiedlichen Schadensdimensionen möglich ist.

Materielle Verlagerung: Elektromobilität soll dazu verhelfen, nicht mehr von fossilen Ressourcen abhängig zu sein. Dafür steigt der Bedarf an seltenen Metallen wie etwa Lithium. Ebenso benötigen Anlagen zur Erzeugung regenerativer Energien Seltene Erden. Ähnliches gilt für die vielen Endgeräte jener digitalen Innovationen, auf denen ein Großteil der Entkopplungsvisionen ruht. So wurde unter anderem der Verbrauch von Coltan infolge der zunehmenden Mobiltelefon-Produktion exorbitant gesteigert. In manchen Fällen wird auf diese Weise ein Knappheitsszenario durch ein Neues substituiert, das sogar brisanter sein kann.

Eine noch gravierendere Problemverschärfung tritt dort ein, wo einem bestehenden Knappheitsproblem schlicht ein weiteres hinzuaddiert wird: So fließt in die Herstellung von Photovoltaikanlagen nach wie vor auch fossile Energie ein, weil die Verarbeitung des benötigten Siliziums Prozesstemperaturen von 1.200 bis 1.400 Grad Celsius erfordert, die auf Basis regenerativer Energien absehbar kaum erzielbar sind. Ähnliche Fragen wirft die Windenergie auf: Erfolgt die Verarbeitung der hierzu erforderlichen Materialien lückenlos mittels regenerativer Energieträger? Insoweit diese Voraussetzung nicht erfüllt ist, scheitert regenerative Energie am Kriterium der Eigenreproduzierbarkeit.

Auf Einwände dieser Art wird zuweilen entgegnet, dass

die Energiebilanz der Anlagen dennoch insgesamt positiv sei, weil der fossile Input zur Herstellung nur einen Bruchteil des späteren Outputs an regenerativer Energie betrage. Aber wie kann der Schaden zusätzlich verbrauchter fossiler Energie durch einen noch so üppigen Zuwachs an regenerativer Energie aufgehoben werden? Eine Möglichkeit bestünde höchstens dann, wenn die zusätzliche regenerative Energie im Rahmen anderer Prozesse fossile Energie substituieren kann (z.B. Beleuchtung). Dies wiederum würde einen dortigen Rückbau fossiler Wertschöpfung implizieren, womit sich die Frage stellt, ob im Saldo daraus eine Steigerung des Bruttoinlandsprodukts resultiert. Andernfalls läge kein Wachstum vor und wir könnten wohl kaum von Entkopplung sprechen.

Räumliche Verlagerung: Eine Studie des Schweizer Bundesamtes für Umwelt aus dem Jahr 2011 förderte zutage, dass 60 Prozent aller Umweltschäden, die von Schweizer Bürgerinnen und Bürgern verursacht werden, außerhalb des Landes zu verorten sind. Dieser Befund dürfte auf andere Konsumgesellschaften nicht minder zutreffen. Die räumliche Verlagerung der besonders umweltintensiven Bestandteile von Herstellungsketten bildet das Merkmal globalisierter Versorgungsstrukturen. Darüber hinaus haben sich während der vergangenen Jahre zusehends Nachfragemuster herausgebildet, deren besonderer Akzent auf jenen Elektronik- und IT-Endgeräten liegt, deren Produktion nicht erst verlagert werden musste, sondern von vornherein in Asien stattfindet.

Technische Verlagerung: Effizienzsteigerungen mittels Digitalisierung sind ein Beispiel dafür, dass Energieeinsparungen oft nur zum Preis neuer Umweltschäden realisierbar sind. Das gigantische Elektroschrottaufkommen infolge ausgerechnet jener IT-Innovationen, denen besondere Energieeffizienz zugeschrieben werden, erreicht sowohl quantitativ als auch qualitativ ungeahnte Dimensionen. Ein anderes Beispiel liefern Energiesparlampen: Neben der Schwierigkeit, die Leuchten ökologisch verträglich zu entsorgen, sind hier auch gesundheitliche Risiken relevant.

Finanzielle Rebound-Effekte

Durch Effizienz hervorgerufene Rebound-Effekte

Schon der englische Ökonom William Stanley Jevons fand 1866 heraus, dass der Verbrauch einer Ressource keineswegs sinken muss, wenn dessen Effizienz steigt. Der von ihm aufgedeckte »Rebound-Effekt« wird damit begründet, dass mit zunehmender Effizienz eben auch die Kosten der Produktion sinken. Wenn Unternehmen derartige Kosteneinsparungen nutzen, um durch Preissenkungen Konkurrenzvorteile zu erzielen, steigert dies tendenziell die Nachfrage. Folglich ist nicht auszuschließen, dass der Verbrauch des effizienter verwendeten Inputs insgesamt sogar steigt. Ähnliche Folgen sind denkbar, wenn die Effizienzvorteile in Form sparsamer Produkte (Passivhäuser, Drei-Liter-Autos, stromsparende Hausgeräte etc.) den Nachfragern zugute kommen, sodass diese infolge verringerter Energiekosten zusätzliche Kaufkraft für andere Güter haben. Somit kann der ohnehin nur relative Entkopplungseffekt durch eine Nachfragesteigerung sogar ins Gegenteil verkehrt werden.

Um dies zu vermeiden, schlägt beispielsweise Ernst Ulrich von Weizsäcker vor, den Preis jener Ressourcen, deren Produktivität gestiegen ist, gezielt zu erhöhen. Aber es ist schwer vorstellbar, dass eine bislang blockierte Steuerlösung, die weit über das homöopathische Niveau der deutschen Ökosteuer hinausreichen müsste, plötzlich mit der Begründung durchsetzbar wäre, Effizienzgewinne abzuschöpfen. Wie gelänge zudem eine umweltpolitische Feinsteuerung, durch die gezielt jene Kaufkraft abgeschöpft wird, welche aus den Effizienzsteigerungen einer bestimmten Branche oder eines einzelnen Anbieters resultiert? Sie würde unweigerlich auf eine Diskriminierung ausgerechnet derjenigen hinauslaufen, die als Innovatoren oder Nachfrager die Effizienzsteigerung befördern. Käme es hingegen zu einer einheitlichen Energiebesteuerung, so bestünden die Reaktionen des Gesamtsystems keineswegs nur in technischen Innovationen. Ebenso gut könnte darauf mit Outputreduktionen reagiert werden, was natürlich dem Wirtschaftswachstum abträglich wäre. Letzteres widerspräche der Entkopplungslogik.

Weiterhin ist zu berücksichtigen, dass Einkommenszuwächse, die infolge gesteigerter Effizienz entstehen, zu vermehrten Ausgaben in jedem ökonomischen Segment und an jedem beliebigen Ort der Welt führen können. Eine Person, die ein Passivhaus bewohnt, einen nur 1,5 Liter Diesel verbrauchenden PKW fährt und obendrein regelmäßig gebrauchte statt neue Konsumgüter erwirbt, könnte die monetären Ersparnisse verwenden, um nach Indien zu fliegen. Obendrein würden am Urlaubsort vermutlich weitere Ausgaben getätigt, die zu Energieverbräuchen führen.

Derartige Effekte wären nur zu vermeiden, wenn grundsätzlich jeder finanzielle Kostenvorteil infolge von Effizienzmaßnahmen sowohl auf Unternehmer- als auch Nachfrageseite unterbunden oder abgeschöpft würde. Aber dies hätte zwei Konsequenzen: Erstens würde sich die Frage stellen, ob dann nicht jeglicher Anreiz entfiele, überhaupt in Effizienzmaßnahmen zu investieren. Zweitens ergäbe sich folgender Konflikt: Je vollständiger es gelingt, die konterkarierenden Einkommenssteigerungen zu unterbinden, umso unwahrscheinlicher ist eine Steigerung des Bruttoinlandsprodukts.

Der Kapazitäts- und der Einkommenseffekt ökologischer Investitionen

Generell löst jede Investition in neue Produktionsstätten einen Kapazitäts- und einen Einkommenseffekt aus. Während Ersterer den Gesamtoutput erhöht, insoweit zusätzliche Produktionskapazitäten geschaffen werden, generiert Letzterer zusätzliches Einkommen, und zwar auch dann, wenn der zuvor mit Kosteneinsparungen begründete Rebound-Effekt überhaupt nicht eintritt.

Am Ökostrom lässt sich beispielhaft das Zusammenwirken beider Effekte verdeutlichen: Die zu dessen Bereitstellung erforderlichen Anlagen zwecks Nutzung regenerativer Energieträger tragen weder auf Anbieter- noch auf Nachfrageseite zu Kosteneinsparungen bei, sondern zu einer ökologischeren Qualität des Stroms. Dennoch steigt durch die Investitionen in Wind-, Solar-, Bioenergieanlagen etc. das verfügbare Einkommen und folglich die volkswirtschaftliche Kaufkraft. Diese kann sowohl dazu dienen, die zusätzliche Elektrizität nachzufragen (also käme es zu keinem Ersatz des fossilen und atomaren Stroms, sondern nur zur Addition des »grünen« Stroms), als auch dazu, weitere Nachfrage nach beliebigen anderen Gütern zu finanzieren.

Schauen wir uns die letztgenannte Möglichkeit der Einkommensverwendung an. Oft wird argumentiert, die zusätzliche Kaufkraft könnte unter geeigneten Rahmenbedingungen zur Finanzierung weniger material- und energieintensiver Dienstleistungen eingesetzt werden. Genannt werden Bildung, Gesundheit, soziale Dienste, Erlebnisgüter, Wellness, Beratungsservices, künstlerische Leistungen, Mediendesign, die »Kreativwirtschaft« und viele andere Projektionen eines vermeintlich »qualitativen« Wachstums. Aber abgesehen davon, dass derartige Dienstleistungen hinter der vermeintlich immateriellen Fassade oft nichts anderes als ein Vehikel für besonders energieintensive Lebensstile verkörpern, dürfte die Vorstellung eines sich daraus speisenden grünen Wachstums geradezu unerfüllbar sein.

Angenommen es gelingt, die durch Investitionen in Windkraft- und Photovoltaikanlagen induzierten Einkommenszuwächse vollständig in das Bildungssystem zu lenken. Dann dürften dies, um allein eine Qualitätssteigerung zu bewirken, nur Ausgaben für zusätzliches Personal sein, beispielsweise für Lehrer. Die Alternative bestünde darin, in materielle Strukturen des Bildungssektors zu investieren wie Gebäude, Medien, Hardware oder Kerosin (für Studienreisen und Auslandspraktika), was eine ökologische Neutralität per se ausschließt. Damit nun die ökologische Neutralität gewahrt bleibt, müssten die zusätzlich eingestellten Lehrer wiederum nur Lehrer nachfragen, die wiederum Lehrer nachfragen ... Vermutlich werden sich Lehrer aber nicht davon abhalten lassen, dieselben materiellen Güter nachzufragen wie jeder andere Konsument. Neueren Studien zufolge liegt die durchschnittliche CO_2-Menge eines einzigen Euros, der als zusätzliches Einkommen verfügbar ist, zwischen einem und mehreren Kilogramm.

Problemverschärfend wirkt sich im obigen Ökostrombeispiel aus, dass die Ausdehnung des Gesamtangebots an Strom infolge des Kapazitätseffekts dessen Preis senkt, sodass einer fortschreitenden Anreicherung privater und beruflicher Umfelder mit Komfort steigernden Energiesklaven,

Strom fressender IT-Hardware etc. weiterer Vorschub geleistet wird, und zwar sogar unabhängig von den zuvor erläuterten Einkommenseffekten. Konterkarierende Nachfragezuwächse speisen sich somit aus drei Quellen: *erstens* aus den kostensenkenden Effekten von Effizienzmaßnahmen, *zweitens* aus dem Einkommenszuwachs, den die getätigten Investitionen induzieren, und *drittens* aus einer Senkung der Preise jener Güter, für die zusätzliche (wenngleich relativ nachhaltigere) Produktionskapazitäten aufgebaut werden.

Um Letzteres zu vermeiden wird zuweilen eine mehrstufige Strategie diskutiert, deren erster Schritt darin besteht, nachhaltige Produktionskapazitäten bzw. Produkte aufzubauen, welche im zweiten Schritt die alten, weniger nachhaltigen Versorgungsstrukturen, die dann zurückzubauen wären, ersetzen sollen. So würde nach einer nur vorübergehenden Parallelität beider Kapazitäten zum quantitativ ursprünglichen, aber qualitativ nachhaltigeren Versorgungsniveau zurückgekehrt. Aber angesichts der Dynamik, mit welcher sich energieintensive Lebensstile verbreiten, insbesondere wenn die vielen kleinen und großen Stromfresser der Selbstdarstellung dienen oder man sich an deren Komfort gewöhnt hat, dürfte jeder Versuch, die einmal erreichte Wohlstandshöhe auf ein vormaliges Niveau zurückzuführen, völlig aussichtslos sein. Denn dies würde nichts weniger als eine Reduktionsleistung, also jene Zumutung erfordern, die mit Hilfe »grüner« Wachstumsversprechungen doch gerade vermieden werden soll.

Psychologische und politische Rebound-Effekte

Trotz der obigen Problematik zählt es zum Alltag moderner Demokratien, relative Entkopplung als umweltpolitischen Erfolg darzustellen, etwa indem der Output an Passivhäusern, Windkraftanlagen etc. ungeachtet ihres additiven Charakters gepriesen wird. Dies kann dazu führen, dass zusätzliche ökologische Schäden gerechtfertigt werden, die andernfalls politisch nicht durchsetzbar wären. Schon die Einführung des Drei-Wege-Katalysators verdeutlichte, wie eine bestenfalls graduelle Entschärfung den Weg in eine beschleunigte Umweltschädigung ebnen kann. Jede Notwendigkeit einer Abrüstung der fossilen Motorisierung konnte unter Verweis auf die angeblich heilsame Katalysatortechnik im Keim erstickt werden, sodass einer weiteren Expansion des motori-sierten Individualverkehrs nichts im Wege stand. Deshalb sind Optimierungen am Detail kontraproduktiv, wo sie zur Rechtfertigung eines insgesamt mit Nachhaltigkeit niemals zu vereinbarenden Gesamtsystems beitragen. Derartige »psychologische Rebound-Effekte« lassen sich unter anderem auf zwei Entscheidungsebenen nachzeichnen.

Politische Ebene: Ähnlich wie der Katalysator den motorisierten Individualverkehr vor Wachstumsschranken schützte, erleichtert die Passivhausbauweise die weitere Ausweisung von Baugebieten für Einfamilienhäuser, womit der materiellen Produktion, der Expansion des pro Person in Anspruch genommenen Wohnraums und der Zersiedlung ganzer Landstriche Vorschub geleistet wird. Ähnliches gilt für den Ausbau von Anlagen zur Nutzung erneuerbarer Energien. Insoweit weder Autos mit Katalysator noch Passivhäuser oder Photovoltaikanlagen zum ökologischen Nulltarif zu haben sind, kann eine zusätzliche Belastung resultieren, die ohne den legitimierenden Effekt einer relativen Entkopplung nicht eingetreten wäre.

Individuelle Ebene: Das Bewusstsein, durch ein bestimmtes Konsumobjekt relativ geringere Umweltschäden zu verursachen, kann aus individueller Sicht dessen verstärkte Nutzung rechtfertigen. So wie ein Gas-, Brennstoffzellen- oder Elektroantrieb das perfekte Alibi für PKW-Anschaffungen und zusätzliche Autofahrten bilden, erleichtert die Passivhausbauweise individuelle Entscheidungen zugunsten eines Einfamilienhauses, anstatt sich mit einer Wohnung zu begnügen. Wer Ökostrom bezieht, hat eine gute Rechtfertigung dafür, es mit dem Energiesparen nicht so genau zu nehmen.

Meistens tritt die Alibiwirkung bereits ein, bevor die vermeintlich effizientere bzw. konsistentere Lösung überhaupt verfügbar ist, zuweilen auch ohne jeden Beweis dafür, dass die ohnehin nur relative Entlastungswirkung jemals eintrifft. Oft reicht die öffentlichkeitswirksame Ankündigung einer von visionären Wissenschaftlern oder globalen Wanderpredigern für denkbar gehaltenen Entkopplungsinnovation. Wenn derartige Verlautbarungen von hinreichend vielen Medien für glaubwürdig befunden werden, bilden sie die kaum in Frage gestellte Hintergrundfolie für Zukunftsentscheidungen. Politische Instanzen und Unternehmen, deren Aussicht auf Wählerstimmen bzw. Güternachfrage nicht zuletzt darauf beruht, ihrem Klientel bald eintretende Entkopplungsfortschritte zu verheißen, die eine Aufrechterhaltung gegenwärtiger Wohlstandspraktiken legitimieren, haben genügend Anreize, sich derartiger Inszenierungen zu bedienen.

Faktisch sind ökologische Entlastungseffekte kraft theoretisch denkbarer Innovationen an so viele technische, ökonomische, administrative und kulturelle Unwägbarkeiten geknüpft, dass deren zukünftiges Eintreten unbeweisbar ist. An den Fortschrittssegen, der deshalb unberechenbar ist, muss also geglaubt werden können. Das theoretisch Mögliche als Gewissheit zu akzeptieren, erweist sich indes nicht nur deshalb als einfache Übung, weil es per se müheloser ist, zu glauben als zu wissen, sondern weil Wähler und Konsumenten dankbare Rezipienten von Glaubensangeboten sind, die den Status quo bewahren. Sie vergüten das frei Haus gelieferte Alibisortiment dafür, Konsum- und Mobilitätsroutinen nicht hinterfragen zu müssen, mit Wählerstimmen und Kaufentscheidungen. Die resultierende Handlungsmaxime ist so simpel und zugleich fulminant, dass sich darauf der Zusammenhalt ganzer Gesellschaften gründen lässt: Unbekümmert weitermachen und alles Problematische dem kollektiv beschworenen Fortschritt überlassen!

Absolute Entkopplung

Relative Entkopplung trägt per se zu keiner Entlastung der Ökosphäre bei, denn selbst im günstigsten Fall kann nur erreicht werden, den an sich unvermeidlichen Schaden pro zusätzlicher Einheit des Bruttoinlandsprodukts zu verringern. Aber es bleibt ein zusätzlicher Schaden. Und selbst diese ohnehin nur theoretisch eintretende Verlangsamung der Schadenszunahme scheitert systematisch, weil sie sich in einem undurchdringlichen Netz verschiedenster Rebound- und Verlagerungseffekte verfängt. Wie aussichtslos muss dann erst eine absolute Entlastung der Umwelt bei gleichzeitigem Wachstum des Bruttoinlandsprodukts sein? Dies würde voraussetzen, nicht bloß etwas weniger schädliche Produkte (etwa zusätzlichen Ökostrom oder zusätzliche Passivhäuser) zu addieren, sondern den bisherigen Output konsequent zu ersetzen. Außerdem dürfte die Ökosphäre nicht durch zusätzliche Bestandsgrößen (etwa neue Produktionsanlagen) belastet werden. Für die regenerative Energie würde dies bedeuten, dass mit deren Ausbau atomare und fossile Anlagen simultan zurückgebaut werden müssten, denn nur so lässt sich verhindern, dass anstelle einer Umweltentlastung lediglich weitere materielle Fluss- und Bestandsgrößen addiert werden. Dies stößt allerdings auf schier unlösbare Entsorgungsprobleme.

Ähnliches gilt für den Wohnbereich: Wenn Passivhäuser dem Gebäudebestand hinzuaddiert werden, erhöhen sie zugleich ökologisch relevante Fluss- und Bestandsgrößen. Wenn sie hingegen alte Gebäude ersetzen, stellt sich die Frage, wie die Letzteren ökologisch neutral entsorgt werden können und ob dies anstelle einer energetischen Sanierung überhaupt sinnvoll ist. Neue Standorte für die Herstellung von Elektromobilen stoßen auf dasselbe Problem: Wohin mit den alten Produktionsanlagen und Autos? Auch die unüberschaubare Anzahl sonstiger Maschinen, Motoren, Produktionsanlagen, Geräte und aktiver Konsumgüter, für die theoretisch stets effizientere und konsistentere Alternativen existieren, werfen die Frage auf: Wohin mit den ausrangierten Exemplaren?

Absolute Entkopplung scheitert somit an einem immanenten Widerspruch. Einerseits muss ein umfassender Austausch alter gegen neue Hardware erfolgen, weil sonst nur reine Additionseffekte resultieren. Andererseits bewirkt dieser Strukturwandel im Sinne Schumpeters »schöpferischer Zerstörung« eine noch prägnantere als die bereits oben beschriebene Problemverlagerung: Anstelle eines Zuwachses an neuen materiellen Fluss- und Bestandsgrößen wächst dann schlicht die Entsorgungsmasse und entwertete Materie sowie Energie. Zudem müsste dieser Umwälzungsprozess, wenn sich aus ihm ein beständiges Wirtschaftswachstum speisen soll, irgendwann auch Objekte erfassen, deren optimierte und maßvolle Weiterverwendung weitaus nachhaltiger wäre als deren (zu früher) Ersatz. Mit anderen Worten: Unter der ökologisch notwendigen Bedingung, sowohl die materiellen Fluss- als auch Bestandsgrößen konstant zu halten, würde ein wachsendes

Bruttoinlandsprodukt zu einem umfassenden Wegwerfmechanismus führen. Vorhandene Dinge müssten ständig durch neue Objekte ausgewechselt, also zerstört und entwertet werden. Sollen die Windkraft- und Solaranlagen zwecks beständigen Wachstums etwa so konzipiert werden, dass sie planmäßig möglichst früh verschleißen?

Außerdem scheitert die absolute Entkopplung an einer zweiten Paradoxie. Angenommen, es gelänge, die materiellen Bestands- und Flussgrößen permanent auszutauschen, statt graduell nachhaltigeren Output zu addieren. Wie könnte das Bruttoinlandsprodukt dann wachsen? Würde beispielsweise der Ausbau des erneuerbaren Energiesektors daran gekoppelt, im selben Umfang fossile und atomare Kapazitäten zurückzubauen, stünde der Erhöhung des Bruttoinlandsprodukts durch die Erneuerbaren eine Wertschöpfungsreduktion im Atom- und Kohlesektor gegenüber, sodass im Saldo sogar ein Negativwachstum wahrscheinlich wäre. Warum? Kohle- und Atomanlagen benötigen während ihres Betriebs im Gegensatz zu Wind- und Solaranlagen eine ständige Ressourcenzufuhr (Kohle- und Urangewinnung), die über komplexe Lieferketten entsprechende Wertschöpfung generiert. Dagegen erstreckt sich die Wertschöpfung der Anlagen zur Nutzung erneuerbarer Energie fast ausschließlich auf den Kapazitätsaufbau. Danach kann bis zum Ende der Nutzungsdauer nur der Strom verkauft werden. Deshalb handelt es sich bei dem viel besungenen grünen Jobwunder um einen Strohfeuereffekt.

Würde nun versucht, das Wachstum des Energiesektors durch Entsorgungsdienstleistungen im Zuge des Rückbaus alter Kraftwerke zu sichern, stellte sich – abgesehen von den wiederum damit verbundenen materiellen und finanziellen Rebound-Effekten – die Frage, wie diese Wertschöpfungsquelle aufrechterhalten werden soll, nachdem alle Kohle- und Atomkraftwerke abgetragen sind. Also verbliebe zwecks weiteren Wachstums des Bruttoinlandsprodukts nur ein stetiger Ausbau der erneuerbaren Energien, aber dies würde nicht nur materielle und finanzielle Nebenfolgen implizieren, sondern absehbar auf räumliche Grenzen stoßen. Wo sollen die Flächen herkommen?

Dasselbe gilt für den Wohnbereich. Eine absolute ökologische Entlastung würde hier voraussetzen, den Gebäudebestand auf keinen Fall weiter auszudehnen, sondern bestehende Immobilien zu sanieren und gegebenenfalls zu erneuern. Aber einer Sanierungsoffensive würden absehbar die Objekte ausgehen. Somit verblieben als einzige Quelle für Wertschöpfung die Instandhaltung und ein eher selten auftretender Ersatz jener Objekte, die nach Ausschöpfung aller Maßnahmen zur ökologischen Optimierung nicht mehr nutzbar sind. Eine derartige Ökonomie der Bestandsoptimierung, die auf alle Bereiche auszudehnen wäre, böte keine Wachstumspotenziale, sondern nur noch einen konstanten Wertschöpfungsstrom auf vergleichsweise geringem Niveau.

Die Absurdität einer absoluten Entkopplung zeigt sich somit aus zwei entgegengesetzten Perspektiven. Unter der Bedingung eines beständigen Wirtschaftswachstums ist es unmöglich, die Ökosphäre absolut zu entlasten. Unter der Bedingung einer absoluten Entlastung der Ökosphäre ist es unmöglich, ein beständiges Wirtschaftswachstum aufrechtzuerhalten.

Von der Objekt- zur Subjektorientierung

Wer das spektakuläre Scheitern der Entkopplungsstrategie untersucht, stößt nicht nur auf die vielfältige Rebound-Problematik, sondern auf ein Phänomen, das sich als Objektorientierung des Nachhaltigkeitsdiskurses bezeichnen lässt. Dahinter verbirgt sich die tief verwurzelte Anschauung, Produkten, Technologien, Dienstleistungen oder anderen Objekten menschlicher Schaffenskraft *per se* Nachhaltigkeitsmerkmale zuschreiben zu können. Aber die Umsatzsteigerungen auf Märkten für »nachhaltige« Produkte sagen nichts aus, wenn es sich dabei um reine Addition oder um sinnbildliche Kompensationen für grassierende Nichtnachhaltigkeit handelt.

Warum ist ein Drei-Liter-Auto klimafreundlicher als ein 20 Liter schluckender Opel Admiral, wenn der Besitzer des Ersteren pro Tag 200 Kilometer hin und zurück zum Arbeitsplatz fährt, während der Admiral-Besitzer, ansonsten stolzer BahnCard-Inhaber, damit nur fünfmal jährlich ein regionales Ziel ansteuert, weil dort kein Bahnhof ist? Inwieweit trägt ein Passivhaus zur nachhaltigen Entwicklung bei, wenn dessen Besitzer jede Woche eine Flugreise antritt und gerade deshalb in diesen Gebäudetyp, insbesondere den damit verbundenen Reputationseffekt, investiert hat? Ähnliches gilt für die Geländewagen fahrende Stammkundschaft des Bio-Supermarktes oder den Ökostrom nutzenden Haushalt, der über so viele Flachbildschirme, Computer und Stereoanlagen wie Zimmer verfügt.

Gerade weil Produkte längst zu einem Identität stiftenden Kommunikationsinstrument geworden sind, liegt ein ernüchternder Befund nahe: Die Strahlkraft nachhaltiger Konsumsymbolik soll das weniger nachhaltige Andere, welches vom selben Individuum praktiziert wird, kaschieren oder kompensieren. Das viel diskutierte »Greenwashing« dient also nicht zuvorderst der Unternehmensreputation. Vielmehr geht es um die Marktidee, Nachfragern eine zur ökologisch weißen Weste passende Konsumsymbolik anzudienen. Diese reicht von Bionade über die Passivhausästhetik bis zu Atmosfair.

Nun beschränkt sich die Logik des moralischen Kompensationsgeschäftes keineswegs auf Marktgüter, sondern umfasst symbolische Handlungen jeglicher Art. Auch der demonstrativ in Sack und Asche daherkommende Subsistenzaktivist aus der Berliner Alternativszene muss davon nicht ausgenommen sein: Heute im heimischen Community Garden buddeln, übermorgen in einem New Yorker Jazz-Club die Beine ausstrecken, danach wieder Berlin – nichts ist unmöglich im globalen Dorf. Die dank Ryanair & Co. hypermobile Multioptionsgesellschaft baut Individuen zum Trägermedium paralleler Identitäten, Lebensführungen und sozialer Praktiken auf. Inmitten der Palette jederzeit abrufbereiter Selbstdarstellungsapplikationen lässt sich immer auch eine vorzeigbare Nachhaltigkeitsgesinnung unterbringen – natürlich additiv und nur in Teilzeit versteht sich.

Das Gros der zu diesem Zweck verfügbaren Bio-zertifizierten Symbole einer vorgeblichen Nachhaltigkeitsorientierung hilft dabei, aktuelle Versorgungsmuster gegen notwendigen Wandel zu immunisieren. Aber es nützt nichts: Per se nachhaltige Technologien und Objekte sind schlicht undenkbar. Allein *Lebensstile* können nachhaltig sein. Nur die Summe der ökologischen Wirkungen aller von einem einzelnen Subjekt ausgeübten Aktivitäten lässt Rückschlüsse auf dessen Nachhaltigkeitsperformance zu. Folglich können Nachhaltigkeitswirkungen ausschließlich auf Basis individueller Ökobilanzen dargestellt werden. Folgt man dem bereits angesprochenen Budgetansatz, so stünde jedem Erdbewohner bis 2050 noch ein jährliches Emissionsquantum von 2,7 Tonnen CO_2 zur Verfügung. Wer diese Forderung ablehnt, will entweder keinen Klimaschutz oder keine globale Gerechtigkeit. Die durchschnittliche CO_2-Bilanz eines Bundesbürgers wird derzeit auf desaströse elf Tonnen pro Jahr geschätzt.

Die hiermit angesprochene Subjektorientierung ließe sich auf unterschiedliche Weise ausgestalten. Einer alleinigen Orientierung an CO_2 mag entgegengehalten werden, dass andere Umweltwirkungen ausgeblendet werden. Eine Alternative zum individuellen Carbon Footprint böte der Ecological Footprint. Er zielt darauf, die Gesamtheit ökologischer Auswirkungen in Flächeneinheiten darzustellen. Dieser Indikator lässt sich auch auf individueller Ebene anwenden. Jede Ökobilanzierung ist mit Schwierigkeiten der Informationsbeschaffung sowie Abgrenzung, Zurechnung und Gewichtung einzelner Wirkungen behaftet. Aber sie ist alternativlos. Inzwischen hat sich die hierzu erforderliche Lebenszyklusanalyse fortwährend weiterentwickelt. Die Anzahl der Projekte und Unternehmen, die dieses Verfahren zwecks Ermittlung der kumulierten Umweltwirkungen entlang der gesamten Herstellungskette – von der ersten Ressourcenextraktion bis zur Entsorgung durch den Endnutzer – anwenden, ist gestiegen.

Unternehmen könnten verpflichtet werden, ihren Nachfragern die nötigen Informationen zur Verfügung zu stellen. Jede Wertschöpfungsstufe könnte die kumulierten Daten der jeweils vorgelagerten Stufe verwenden und durch die Resultate der eigenen Ökobilanzierung vervollständigen, um sie dann an die nachgelagerten Prozessstufen weiterzugeben. Der Einzelhandel als Schnittstelle zu den Endnutzern könnte diese durch ein zweites Preisetikett oder durch eine Hinterlegung der Daten im Internet informieren. So wäre jeder Konsument in der Lage, seine individuelle Ökobilanz zumindest grob abzuschätzen. Solange Unternehmen hierzu nicht per Gesetz verpflichtet sind, können Pionierunternehmen, die ihren Nachfragern derartige Informationen anbieten, Wettbewerbsvorteile erzielen und damit Standards setzen. Darüber hinaus bestehen (zumindest bezogen auf CO_2-Emissionen) schon jetzt buchstäblich kinderleichte Möglichkeiten, auf Basis von Durchschnittswerten für sämtliche Konsum- und Mobilitätsaktivitäten individuelle CO_2- oder Ökobilanzen zu erstellen. Hierzu zählen die sich zusehends verbreitenden Online-CO_2-Rechner und der besonders hervorzuhebende Pendos-CO_2-Zähler. Bei Letzterem handelt es sich um ein kleines Taschenbuch – eine Art »Klimaschutz-Knigge« –, das über den Buchhandel oder direkt beim Projekt CO_2-Online einfach zu beziehen ist. Es ordnet allen wichtigen Produkten und Handlungen die ungefähr damit korrespondierenden CO_2-Werte zu.

Auch wenn der Zielwert von ungefähr 2,7 Tonnen nicht von heute auf morgen zu erreichen ist, bildet er den nicht zu hintergehenden Fluchtpunkt einer nachhaltigen Entwicklung, die überhaupt diesen Namen verdient. Dazu bräuchte es keine Weltregierung oder Ökodiktatur, sondern einfach nur etwas mehr Ehrlichkeit. Jedenfalls sind Nachhaltigkeitsbemühungen, die sich an der Subjektorientierung vorbeischummeln, nicht nur überflüssig, sondern schädlich. Sie reproduzieren die Schizophrenie einer Gesellschaft, deren Nachhaltigkeitsziele nie lauter bekundet wurden und deren Lebenspraktiken sich nie weiter davon entfernt haben.

Kapitel V

Genug ist nie genug – Wachstumszwänge und Wachstumstreiber

Wenn von Wachstumszwängen, -treibern oder -imperativen die Rede ist, dürfen diese nicht mit Wachstumstheorien verwechselt werden. Erstere liefern Erklärungen dafür, warum moderne Versorgungssysteme ohne Wachstum ökonomisch oder sozial nicht zu stabilisieren sind. Letztere befassen sich damit, wie und auf Basis welcher Einflussfaktoren wirtschaftliches Wachstum zustande kommt. Im Folgenden geht es um die Ersteren.

Strukturelle Wachstumszwänge

Fremdversorgungssysteme beruhen darauf, die Distanz zwischen Verbrauch und Produktion stetig zu vergrößern. Wenn Produktionsprozesse, die vormals an einen Standort gebunden waren, in viele spezialisierte Fertigungsstufen zerlegt werden, können diese flexibel und ortsungebunden je nach Kosten- oder Qualitätsvorteilen verschoben werden. Aber jede Spezialisierungsstufe muss vor der Produktionsphase die benötigten Inputfaktoren vorfinanzieren, also investieren. Das dazu benötigte Fremdkapital kostet Zinsen; Eigenkapital verlangt nach einer hinreichenden Rendite. Außerdem nimmt mit der räumlichen Entgrenzung der Bedarf an physischen Infrastrukturen und Anlagen zu, die einem ständigen Verschleiß unterworfen sind.

Folglich muss pro Periode von jedem Unternehmen ein Überschuss (nach Abzug der »reinen« Produktionskosten) erzielt werden, der nicht geringer als die Summe von Fremdkapitalzinsen, Eigenkapitalrenditen und Kosten der Instandhaltung bzw. Reproduktion des physischen Kapitals ist. Das zur Stabilisierung des Gesamtprozesses minimale Wachstum an Wertschöpfung steigt also tendenziell mit der Spezialisierung, das heißt der Anzahl eigenständiger Betriebe und deren jeweiligen Überschusserfordernissen.

Der Ökonom und Geldtheoretiker Hans Christoph Binswanger hat den strukturellen Wachstumszwang in Verbindung mit dem Einkommens- und Kapazitätseffekt einer Investition analysiert. Zu beachten ist dabei, dass der Einkommenseffekt vor dem Kapazitätseffekt einsetzt, weil zunächst das Kapital investiert wird und erst nachher ein Verkauf der Produktionsmenge möglich ist. Investitionen, die heute getätigt werden, erhöhen sofort das Einkommen der Haushalte. Aber die aus der Investition resultierende Produktionsmenge kann erst später, also in der Folgeperiode abgesetzt werden. Die Haushalte kaufen daher heute die Produktion von gestern. Auf diese Weise geht die Steigerung der Nachfrage der Steigerung des Angebots voraus.

Wenn einerseits die Ausgaben den Einnahmen vorauseilen, aber andererseits sich beides in Form von Geldzahlungen äußert, deren Differenz dem Gewinn entspricht – wie kann dieser innerhalb einer Periode dann je positiv sein? Dies ist nur möglich, wenn die Zahlungslücke auf der Nachfrageseite durch zusätzliche Nettoinvestitionen ausgeglichen wird, die das entsprechende Einkommen schaffen. Ein extrem schlichtes Zahlenbeispiel soll dies verdeutlichen: Wir betrachten eine Mini-Ökonomie, bestehend aus einem Konsumgüterproduzenten und einer unbestimmten Anzahl von Arbeitnehmern sowie Anbietern weiterer Inputfaktoren. Sie sind zugleich die Konsumenten, das heißt, für die Güternachfrage innerhalb einer bestimmten Periode kann nur ausgegeben werden, was in dieser Periode an Löhnen und Ressourcenentgelten gezahlt wird.

Periode 1: Die Unternehmung beginnt ihre Tätigkeit; sie wendet 1.000 Euro auf, um 750 Euro an Löhnen und 250 Euro für sonstige Inputfaktoren zu finanzieren.

Periode 2: Der Output soll für 1.000 Euro plus X Euro verkauft werden, andernfalls entstünde kein Gewinn. Angenommen X = 100 Euro (die folgende Argumentation gilt für jedes beliebige X > 0), dann werden auf der Nachfrageseite zusätzliche 100 Euro benötigt, um den Output zu finanzieren. Woher soll dieses Geld stammen, wenn die Nachfrager in Periode 2 nur über insgesamt 1.000 Euro verfügen? Würde die Firma zu Beginn der zweiten Periode abermals nur 1.000 Euro investieren und ihre Produktion auf demselben Niveau fortsetzen, ergäbe sich folgende Situation: Die Konsumenten könnten zwar die fehlenden 100 Euro von den neuerlichen Einnahmen abzweigen. Aber damit entstünde in der dritten Periode eine noch größere Finanzierungslücke. Das bedeutet umgekehrt: Nur wenn die Firma in der zweiten Periode nicht mehr nur 1.000 Euro, sondern 1.100 Euro aufwendet, um Arbeits- und Materialinputs einzusetzen, entsteht das in dieser Periode zusätzlich benötigte Einkommen. Damit steigt die in Periode 3 abzusetzende Produktion und der mindestens zu erzielende Umsatz. Den Nachfragern verbleibt ein Resteinkommen in Höhe von 1.000 Euro, um die Konsumgüternachfrage in Periode 3 zu finanzieren.

Periode 3: Die Produktion der Vorperiode, deren Kosten sich auf 1.100 Euro beliefen, soll für 1.200 Euro verkauft werden. Jetzt besteht eine Finanzierungslücke von 200 Euro. Um diese zu schließen, kauft das Unternehmen für die Produktion dieser Periode Inputs im Wert von 1.000 Euro plus 200 Euro. Damit entsteht das notwendige Einkommen, um die Produktion der Vorperiode abzusetzen. Das für den Konsum in Periode 4 verfügbare Einkommen beläuft sich abermals auf 1.000 Euro.

Periode 4: Der Output muss nun 1.300 Euro an Verkaufserlösen (= Kosten von 1.200 Euro plus Gewinn von 100 Euro) erzielen. Jetzt wären 300 Euro zu investieren, um eine Absatzkrise zu verhindern. Aufgrund des abermals gestiegenen Outputs, dessen Kosten nebst zusätzlichem Gewinn zu decken sind, muss die Investition in Periode 5 und damit das in Periode 6 abzusetzende Outputniveau abermals gesteigert werden …

Unter der obigen Annahme, dass jedes Jahr nur derselbe absolute Gewinn erzielt wird, ergibt sich bereits ein lineares Wachstum der Güterproduktion. Andernfalls ist die Produktion langfristig nicht aufrechtzuerhalten. Wird realistischerweise angenommen, dass die periodisch zu steigernden zusätzlichen Investitionen durch Fremdkapital finanziert werden, für das Zinsen zu entrichten sind, kann der Gewinn langfristig nicht konstant bleiben. Irgendwann können 100 Euro Überschuss die periodisch wachsende Zinslast nicht mehr tilgen. Notwendig ist daher *exponentielles* Wachstum. Steigende Investitionen müssen nun neben dem Einkommen zur Finanzierung der erhöhten Produktion die sukzessive steigende Zinssumme abdecken.

Der vom Zins induzierte zusätzliche Wachstumsdruck lässt sich durch eine Eigenkapitalfinanzierung nicht mildern. Um die Investitionen durch selbst gebildetes Eigenkapital zu finanzieren, wäre der Periodengewinn entsprechend zu steigern. Er müsste in der zweiten Periode 200 Euro betragen, von denen 100 Euro zum Zweck des Investierens zu thesaurieren wären. Aber um genau diesen Betrag nähme dann die Finanzierungslücke zu. Würde die Finanzierung über Eigenkapitalgeber erfolgen, so würden diese eine Rendite mindestens in Höhe des Kapitalmarktzinses verlangen, womit der Zins seine Wirkung indirekt beibehielte.

Insoweit diese Logik für jedes spezialisierte Unternehmen gilt, das Kapital benötigt, um zu produzieren, lassen sich Ansatzpunkte für eine Milderung struktureller Wachstumszwänge ableiten: Weniger Spezialisierungsstufen zwischen Produktion und Verbrauch reduzieren zwar die betriebswirtschaftlichen Kostenvorteile der Arbeitsteilung, können aber gleichsam den Wachstumszwang verringern, insoweit damit die Kapitalintensität der Produktion und folglich die Summe der mindestens zu erzielenden Überschüsse zwecks Bedienung der Kapitalansprüche sinkt. Kurze Wertschöpfungsketten, etwa im Sinne einer Lokal- oder Regionalwirtschaft, schaffen überdies Nähe und damit Vertrauen, welches per se eine weniger zins- und renditeträchtige Kapitalbeschaffung ermöglicht. Warum? Sowohl Eigen- als auch Fremdkapitalgeber tragen ein Risiko, welches mit zunehmender Komplexität, also Anzahl, Distanz sowie Anonymität der Produktionsstätten und Kapitalverwendung, steigt. Dieses Risiko steigert die von den Kapitalgebern verlangte finanzielle Kompensation, also Zins bzw. Eigenkapitalrendite.

Hierbei darf nicht die Rolle der Geldschöpfung übersehen werden. Denn der von Binswanger als »Wachstumsspirale« charakterisierte Prozess wäre nicht oder nur in viel schwächerer Ausprägung denkbar, wenn die Geschäftsbanken nicht ständig neues Geld schöpfen könnten, um die Unternehmen mit Krediten für die Investitionen zu versorgen. Diese Geldschöpfung erfolgt praktisch aus dem Nichts, weil die Banken bei der Kreditvergabe nicht einfach nur die Spareinlagen eins zu eins weitervermitteln, sondern Schulden in Geld verwandeln können. Dieses »Schuldgeldsystem« setzt der wundersamen Geldvermehrung keine Grenzen und wandelt Geld in reales Wachstum um.

Auf einen weiteren strukturellen Wachstumstreiber wurde bereits weiter oben eingegangen, nämlich die Steigerung der Arbeitsproduktivität. Je weniger Arbeit notwendig ist, um einen bestimmten Output zu erzeugen, umso größer muss folglich der Output sein, damit alle bisherigen Arbeitnehmer im selben Umfang benötigt werden, zumindest unter den gegenwärtigen Eigentumsverhältnissen. Interessanterweise ergibt sich daraus dieselbe Schlussfolgerung: Strukturelle Wachstumszwänge zu mildern würde bedeuten, mit weniger Kapital zu produzieren.

Kulturelle Wachstumstreiber

Unter welchen Bedingungen stiftet Konsum Glück? Undifferenziert lässt sich diese Schlüsselfrage schon angesichts des berühmten ersten Gossen'schen Gesetzes nicht beantworten. Dem zufolge nimmt der Nutzen, den eine weitere Einheit eines Konsumgutes stiftet, mit zunehmender Quantität ab. Dies beflügelt ständig neue Steigerungen der konsumtiven Selbstentfaltungsoptionen durch qualitative Veränderungen. Die permanente Neuerfindung der Konsumgesellschaft schützt vor Sättigungserscheinungen und Langeweile. Deshalb erstreckt sich die horizontale und vertikale Expansion des Variantenreichtums auf Produkte, Services, Erlebnisse, Reiseziele, virtuelle Welten, Wellness-Konzepte, die Optimierung des eigenen Körpers oder – sollte die innovative Ideenflut ins Stocken geraten – auf inszenierte Symbolaufladungen, mit denen alter Wein in neuen, nunmehr kulturell aufgewerteten Schläuchen seinen Reiz entfalten kann. Dennoch spricht einiges gegen die Binsenweisheit, dass eine konsumvermittelte Steigerung des individuellen Glücks nur eine Frage des Designs, ansonsten aber nach oben offen ist.

Die seit neuestem auch in den Wirtschaftswissenschaften viel beachtete »Glücksforschung« führt zur Einsicht, dass eine Erhöhung des Pro-Kopf-Einkommens nach Erreichen eines bestimmten Niveaus keinen weiteren Zuwachs an Glück stiftet. Eine mögliche Begründung dafür liefert der amerikanische Ökonom Fred Hirsch. Ihm zufolge ist der

Nutzen vieler Güter symbolischer oder demonstrativer Art, beruht also auf Distinktion, sozialem Prestige oder der Zugehörigkeit zu einer bestimmten gesellschaftlichen Gruppe. Konsum ist somit von einem Wettbewerb geprägt, in dem es um einen höheren Platz innerhalb der sozialen Hierarchie geht und Gewinne für Einzelne nur durch die Verluste von anderen möglich sind. Ein zunächst erheischter Vorsprung erodiert mit der Anzahl jener Personen, die zunächst übertroffen wurden, aber infolge weiteren Wachstums aufholen oder gleichziehen. Bereits die Verteidigung, erst recht aber die Wiedererlangung oder gar Steigerung einer sozialen Position, setzt somit ständig neue Kaufhandlungen voraus – ohne das eigene Wohlbefinden erhöhen zu können. Folglich ist es kein Widerspruch, wenn einerseits an permanenten Konsumsteigerungen festgehalten wird, obwohl anderseits im Nachhinein festgestellt werden kann, dass dies zu keinem Glückszuwachs geführt hat.

Die resultierende Dynamik ähnelt einer Rüstungsspirale, da ein immer höherer Konsumaufwand vonnöten ist, um ein bestimmtes, keineswegs steigerbares Glücksniveau aufrechtzuerhalten oder wiederzugewinnen. Mit jedem Wachstumsschub können bestimmte Konsumenten ihren Status verbessern, was sich zulasten der relativen Position anderer auswirkt. Letztere werden damit zu Promotoren und zur politischen Rechtfertigung weiteren Wachstums, das benötigt wird, um deren Anspruch auf nachholende

Steigerung der Fremdversorgung zu finanzieren. Dies ist die Basis einer – abgesehen von physischen Grenzen – nie versiegenden Rückkopplungsdynamik, deren Ursache und Folge ökonomisches Wachstum ist. Dabei liegt ein bestimmtes sozialpolitisches Verständnis zugrunde, nämlich dass eine für wünschenswert erachtete soziale Angleichung durch die Ausweitung der verfügbaren Möglichkeiten anzustreben ist. Umverteilungsprobleme werden nach dieser Logik weit umschifft. Stattdessen sollen ökonomische Zuwächse eine Verteilungsmasse generieren, mit der die Ansprüche der Zurückgebliebenen befriedigt werden, ohne den Gewinnern etwas nehmen zu müssen. So werden soziale Belange in einen Wachstumsimperativ transformiert.

In abstrakter Betrachtung kann diese Steigerungslogik als das dominante Entwicklungsprinzip moderner Konsumgesellschaften bezeichnet werden. Die nie versiegende Quelle für gesellschaftspolitischen Handlungsbedarf speist sich aus der Aufdeckung sozialer Differenzen, die sodann in den Imperativ ihrer Beseitigung durch zusätzliches Bewirken und Steigern transformiert werden. So erhält jegliches politische und wirtschaftliche Agieren eine nie zum Ende gelangende, nämlich sich selbst verstärkende Legitimation. Genug ist eben nie genug: Wachstum erzeugt Differenzen, deren Beseitigung – ganz gleich auf welchem Niveau – neues Wachstum notwendig macht.

Kapitel VI
Weniger ist mehr – Umrisse einer Postwachstumsökonomie

Worin besteht die Alternative zu einer auf Wirtschaftswachstum basierenden Existenzform? Um eine Postwachstumsökonomie systematisch und als in sich geschlossenes Konzept zu entwickeln, muss sie darauf beruhen, die zuvor skizzierten strukturellen und kulturellen Wachstumstreiber weitestgehend auszuschalten. Die Erstgenannten sind nur durch eine tendenzielle Verkürzung oder Entflechtung komplexer Produktionsketten zu mildern. Eine daraus folgende Reduktion des Fremdversorgungsgrades kann von der Regional- über die Lokal- bis zur Selbstversorgung, also Subsistenz, reichen. Subsistenz ist keine Frage des Entweder-oder, sondern des Mehr-oder-weniger, kann also als Element kombinierter Versorgungsleistungen mit unterschiedlichen Fremdversorgungsgraden in Erscheinung treten.

Demgegenüber lassen sich kulturelle Wachstumstreiber nur – so trivial und zugleich mühsam dies auch erscheinen mag – durch suffiziente Anspruchsausformungen mildern. Folglich ruht das Fundament einer Postwachstumsökonomie auf einer Theorie der Subsistenz und Suffizienz, deren Umrisse und Eckpunkte in diesem abschließenden Kapitel dargelegt werden sollen.

Ökonomie der Nähe: Milderung struktureller Wachstumszwänge

Eine Verkürzung von Produktionsketten bis zur Lokal- oder Regionalversorgung kann die monetären Ansprüche des eingesetzten Kapitals senken, wenn die damit verbundene Möglichkeit kürzerer Distanzen zwischen Kapitalgebern und -nehmern genutzt wird. Eine solche »Ökonomie der Nähe« ist durch folgende Merkmale gekennzeichnet:

Transparenz: Wenn bei hinreichend geringer Distanz zwischen beiden Marktseiten die Produktnachfrager zugleich die Kapitalgeber ihrer regionalen Produzenten sind, kann aufgrund der damit verbundenen Transparenz Vertrauen entstehen. Eine direkte Beziehung zwischen Kapitalnachfrager und -anbieter mindert jene Unsicherheit, die hohe monetäre Risikokompensationen rechtfertigt.

Empathie: Wenn sich die Wechselseitigkeit zwischen regionalen Marktakteuren sowohl auf Produkte als auch auf Kapital erstreckt, begünstigt dies die soziale Einbettung der Ökonomie. Unmittelbare Beziehungen, die über anonyme Marktinteraktionen hinausgehen, erhöhen die Wahrscheinlichkeit, dass die Logik reiner Profit- und Kapitalertragsmaximierung von informellen sozialen Normen und Beziehungen zwischen jenen, die sich im Rahmen ökonomischer Transaktionen begegnen, durchbrochen wird. Verstärkt werden derartige Wirkungen dadurch, dass sich die Akteure mit ihrer Region, folglich auch mit der dort beheimateten Ökonomie, identifizieren.

Interessenkongruenz: Würden in einer hinreichend kleinräumigen Ökonomie die Kapitalgeber, welche zugleich Abnehmer der Produkte der Kapitalverwender sind, ihre Rendite- bzw. Zinsansprüche erhöhen, müssten sie sich selbst schädigen. Denn den Kapitalverwendern bliebe langfristig nichts anderes möglich, als der erhöhten Zins- bzw. Renditelast durch Preiserhöhungen zu begegnen.

Verwendungskontrolle: Wenn Kapitalgeber über die Möglichkeit verfügen, selbst zu bestimmen und zu kontrollieren, in welchen Handlungsbereichen ihr Kapital zum Einsatz gelangt, entspräche es keinem »Verzicht«, wenn sie ihre Rendite- und Zinsansprüche mäßigen würden. Denn auf diese Weise verwirklichen sie sich als Förderer ihrer eigenen ethischen Orientierung, etwa wenn sie ihre Ersparnisse in regionale, ökologische, soziale, künstlerische Projekte oder Unternehmungen investieren, die mit ihren politischen Vorstellungen harmonieren. Dieses Prinzip wird bzw. wurde durch den Förderbereich der GLS-Bank und der ehemaligen Ökobank bereits praktiziert.

Daneben existieren andere positive Effekte kleinräumiger Ökonomien. Diese bestehen in kürzeren Transporten und verbesserten Möglichkeiten für geschlossene Kreisläufe. Weitaus wichtiger für den hier vorliegenden Kontext sind jedoch zwei weitere strukturelle Wirkungen einer De-Globalisierung. Die (graduelle) Abkehr von räumlich entgrenzten Wertschöpfungsstrukturen würde notwendigerweise mit dezentraleren und durchschnittlich kleineren Produktionskapazitäten einhergehen, weil die mit einer Abschöpfung zunehmender Skalenerträge korrespondierenden Outputmengen nicht innerhalb eines räumlich begrenzten Marktes abgesetzt werden könnten. Durch diesen Wandel würden viele der kapitalintensiven Wertschöpfungsstufen entfallen, die allein der überregionalen Logistik und Distribution dienen. Zudem wären im Falle geringerer Ausbringungsmengen tendenziell nicht so kapitalintensive Technologien rentabel.

Die von Leopold Kohr, Ernst Friedrich Schumacher und Ivan Illich als Kontrapunkt zur industriellen Massenfertigung empfohlenen »mittleren« bzw. »konvivialen« Technologien sind durch eine geringere räumliche Reichweite und Arbeitsproduktivität gekennzeichnet, weil sie mit einer Reaktivierung handwerklicher, also weniger kapitalintensiver Wertschöpfung einhergehen. Wenn das allgegenwärtige Prinzip einer Maximierung der Arbeitsproduktivität umgekehrt werden könnte, wären ohnehin geringere Wachstumsraten des Bruttoinlandsprodukts vonnöten, um einen bestimmten

Beschäftigungsstand zu halten. Kürzere Wertschöpfungsketten im Sinne einer geringeren Spezialisierung und folglich mit geringerem Kapitalbedarf reduzieren strukturelle Wachstumszwänge also auf mehrfache Weise!

Regionale Komplementärwährungen wie etwa der »Chiemgauer« oder »Bremer Roland« können eine räumliche Entflechtung unterstützen. Sie verkürzen die Wertschöpfungskette, weil sie lediglich innerhalb eines begrenzten Radius gültig sind. Ein zusätzlicher, den Wachstumszwang mindernder Effekt würde erzielt, wenn derartige »Regios« mit einer zinslosen Umlaufsicherung versehen wären. Demnach hätte das Geld nicht nur keinen Zins, sondern würde sogar an Wert verlieren, wenn es nicht innerhalb eines bestimmten Zeitraumes ausgegeben wird. Damit entfiele jeder Anreiz zur Hortung und zur Spekulation. Außerdem wäre eine Gebühr zu entrichten, wenn Regios in die Hauptwährung – die nicht abgeschafft, sondern nur teilweise ersetzt werden soll – zurückgetauscht werden. Dies würde den Antrieb stärken, das Geld im regionalen Kreislauf zu belassen.

Eine solche De-Globalisierung führt dazu, dass ein Kaufmann, der Regios einnimmt, nun Ausschau nach regionalen Lieferanten hält, die das Geld annehmen. Diese Unternehmen suchen wiederum ihrerseits Zulieferer aus der Region, um ihre Beschaffung mit Regios abzuwickeln. Wenn nun auch Arbeitnehmer bereit wären, sich einen vereinbarten Teil ihres Lohnes in Regios auszahlen zu lassen und sogar Kommunen sowie Finanzämter diese Währung akzeptierten, hätten regionale Wertschöpfungsketten eine echte Chance. Natürlich würde dies nur jene Güter betreffen, die sich dafür eignen. Die Restgröße all dessen, was nicht in der Region herzustellen ist, könnte weiterhin mit dem Euro abgewickelt werden: So regional wie möglich, so global wie nötig.

Und das ist nicht alles: Indem Regios als »Schwundgeld« konzipiert sind, also keinen Zins haben, entsteht zusätzlich ein indirekter Effekt, der den zinsbedingten Zwang zum Überschuss mindern kann, wann immer Regios als Fremdkapitel verfügbar sind. Außerdem korrespondieren Regionalökonomien mit kleineren Unternehmen, die per se transparenter und demokratischer zu kontrollieren sind, erst recht dann, wenn es keine Aktiengesellschaften – die in einer Postwachstumsökonomie ohnehin deplatziert wären –, sondern Genossenschaften sind. Unternehmensformen, die durch ihre institutionelle Struktur, räumliche Nähe und überschaubare Größe so entwickelt werden können, dass sie sich nicht an maximaler Rendite, sondern an unmittelbarer Bedürfnisbefriedigung orientieren, sind mit globaler Verflechtung kaum vereinbar.

Den industriellen Komplex so zurückzubauen, dass die Distanzen zwischen Verbrauch und Produktion kürzer werden, ist einerseits nur punktuell und graduell praktikabel. Andererseits lassen sich manche Bedürfnisse sogar mittels noch kürzerer Versorgungsketten befriedigen, nämlich durch lokale

Eigenarbeit und Selbstversorgung, sodass gar kein Geld benötigt wird.

Grob vereinfacht lassen sich drei Kategorien von Versorgungssystemen benennen, die durch eine unterschiedliche Länge der Wertschöpfungskette und Rolle des Geldes als Zahlungsmittel gekennzeichnet sind. Entmonetarisierte Lokalversorgung, regionalökonomische Systeme auf Basis zinsloser Komplementärwährungen und – als zu minimierende Restgröße – Leistungen aus globaler Arbeitsteilung könnten kombiniert werden, um die nach Ausschöpfung aller Suffizienzpotenziale verbleibenden Bedarfe so wachstumsneutral wie möglich zu befriedigen.

Allerdings ist die damit verbundene partielle Deglobalisierung nur zum Preis verringerter materieller Kaufkraft und Optionenvielfalt zu haben. Diese Reduktion wäre zu einem Teil als Suffizienzleistung und zum anderen Teil durch moderne Subsistenzpraktiken aufzufangen. Aber genau dasselbe Resultat müsste sich ohnehin zwangsläufig ergeben, wenn alle industriell arbeitsteilig erzeugten Produkte mit den externen Kosten entlang ihrer gesamten Wertschöpfungskette belastet würden: eine prägnante Kaufkraftreduktion und eine Veränderung der relativen Preise zugunsten regional oder lokal produzierter Güter.

Kreative Subsistenz als Ersatz für Industrieoutput

Die kürzeste Wertschöpfungskette entspräche einer vollständigen oder »reinen« Subsistenz. Wer beispielsweise gemeinsam mit anderen Nutzern einen Gemeinschaftsgarten betreibt, trägt zu einem Versorgungsmuster bei, das kein Geld, kaum Kapital, keinen Gewinn, keinen Zins und folglich keinen Wachstumszwang kennt. Durch eine Verkürzung der Erwerbsarbeit ließen sich Selbst- und Fremdversorgung so kombinieren, dass die Abhängigkeit von einem monetären Einkommen sinkt. Neben ehrenamtlichen, gemeinwesenorientierten, pädagogischen und künstlerischen Betätigungen lassen sich mittels urbaner Subsistenz drei Outputkategorien generieren, durch die industrielle Produktion partiell ersetzt werden kann.

1. *Nutzungsintensivierung durch Gemeinschaftsnutzung:* Wer sich einen Gebrauchsgegenstand vom Nachbarn leiht, ihm als Gegenleistung ein Brot backt oder das neueste Linux-Update installiert, trägt dazu bei, materielle Produktion durch soziale Beziehungen zu substituieren. Objekte wie Autos, Waschmaschinen, Gemeinschaftsräume, Gärten, Winkelschleifer, Digitalkameras etc. sind auf unterschiedliche Weise einer Nutzungsintensivierung zugänglich. Sie können gemeinsam angeschafft werden oder sich im privaten Eigentum einer Person befinden, die das Objekt gegen eine andere Subsistenzleistung verfügbar macht. Auch Gemeingüter können hierzu geeignet sein.

2. *Verlängerung der Nutzungsdauer:* Ein besonderer Stellenwert käme der Pflege, Instandhaltung und Reparatur von Gütern jeglicher Art zu. Wer durch handwerkliche Fähigkeiten oder manuelles Improvisationsgeschick die Nutzungsdauer von Konsumobjekten erhöht (zuweilen reicht schon die achtsame Behandlung, um den frühen Verschleiß zu vermeiden), substituiert materielle Produktion durch eigene produktive Leistungen, ohne notwendigerweise auf bisherige Konsumfunktionen zu verzichten. Angenommen, es gelänge, in hinreichend vielen Gebrauchsgüterkategorien die Nutzungsdauer der Objekte durch eigene oder getauschte handwerkliche Instandhaltungsmaßnahmen durchschnittlich zu verdoppeln, dann könnte die Produktion neuer Objekte entsprechend halbiert werden. Auf diese Weise würde ein Rückbau der Industriekapazität mit keinem Verlust an Konsumfunktionen der davon betroffenen Güter einhergehen.

3. *Eigenproduktion:* Ausgerechnet jenes Bedürfnisfeld, dessen Kollaps unweigerlich zur Überlebensfrage würde, nämlich Ernährung, verkörpert durch seine exorbitant hohe Mineralölabhängigkeit geradezu das Gegenteil von Resilienz (Widerstandsfähigkeit). Im Nahrungsmittelbereich erweisen sich Hausgärten, Dachgärten, vor allem Gemeinschaftsgärten und andere Formen der urbanen Landwirtschaft als dynamischer Trend. Dieser Bereich ist schon deshalb nicht zu unterschätzen, weil konventionelle Wertschöpfungsketten im Agrar- bzw. Lebensmittelsektor derart schwerwiegende öko-

logische Schädigungen hervorrufen, dass jede auch nur teilweise Substitution entsprechende Entlastungseffekte zeitigt.

Neben dem Ernährungssektor sind in vielen anderen Bereichen Subsistenzpraktiken möglich, etwa künstlerische und handwerkliche Leistungen, die von der kreativen Wiederverwertung ausrangierter Gegenstände über Holz- oder Metallobjekte in Einzelfertigung bis zur semiprofessionellen »Marke Eigenbau« reichen. Tauschringe, Netzwerke der Nachbarschaftshilfe und die Bewegung der »Transition Towns« sind nur einige Beispiele dafür, dass lokal erbrachte Leistungen über den Eigenverbrauch hinaus einen Leistungstausch auf lokaler Ebene erlauben. Dies gilt erst recht für lokal erzeugte Güter in Form von Services wie etwa Vorträge, Unterricht, Schulungen, Beratungen, künstlerische Darbietungen, Pflegeleistungen etc.

Werden diese drei Outputkategorien (Gemeinschaftsnutzung, Nutzungsdauerverlängerung, Eigenproduktion) je nach individuellen Neigungen, Fähigkeiten und Umfeldbedingungen kombiniert, bilden sie einen reichhaltigen Fundus, aus dem sich Ergänzungen des in einer Postwachstumsökonomie deutlich verringerten monetären Einkommens schöpfen lassen. Sie bewirken, dass beispielsweise eine Halbierung der Industrieproduktion und folglich der monetär entlohnten Erwerbsarbeit keineswegs per se den materiellen Wohlstand halbieren müsste: Wenn Konsumobjekte doppelt so lange und/oder doppelt so intensiv genutzt werden, reicht die Hälfte an industrieller Produktion, um dasselbe Quantum an Konsumfunktionen oder »Services«, die diesen Gütern innewohnen, zu extrahieren. Diese Auslegung von urbaner Subsistenz bildet trotz oberflächlicher Ähnlichkeiten zum Effizienzdiskurs, der auf Dienstleistungsmärkte zielt, eher dessen Widerpart. Warum?

Erstens beruhen die Entlastungseffekte der obigen Subsistenzformen nicht auf einer ökologischen Entkopplung industrieller Arbeitsteilung, sondern setzen deren Rückbau voraus. Zweitens sind es hier keine kommerziellen Unternehmen, die als Anbieter eigentumsersetzender Services (z. B. Carsharing, Leasing-Modelle, kommerzielle Verleihsysteme) letztlich das Fremdversorgungsregime – wenngleich auf Basis erhöhter Nutzeneffizienz – aufrechterhalten. Vielmehr sind es die Nutzer selbst, welche durch den allmählichen Wandel vom Konsumenten zum »Prosumenten« oder »Koproduzenten« die ökonomische Souveränität erlangen, kraft eigener substanzieller, manueller und sozialer Kompetenzen Industrieproduktion zu ersetzen. Insoweit die damit einhergehende Entkommerzialisierung das Tauschmittel Geld überflüssig macht, weil die Subsistenzleistungen im lokalen Nahraum entstehen, würden Wertschöpfungsbeziehungen eine bestimmte Komplexität nicht überschreiten. Zudem benötigen derartige Prozesse keine oder nur vernachlässigbare Investitionen, also kein Fremd- und Eigenkapital, induzieren also insgesamt keine strukturellen Wachstumszwänge.

Die drei Grundformen der urbanen Subsistenz sind zwar dadurch gekennzeichnet, dass sie ein prägnant zurückgebautes Industriesystem ergänzen und dessen vormaligen Output teilweise substituieren, stellen jedoch zugleich eine synergetische Verbindung zu industriellen Artefakten her. Schließlich bleiben es Objekte aus arbeitsteiliger Industrieproduktion, deren Nutzung durch Hinzufügung eigener Subsistenzinputs verlängert und/oder intensiviert wird. Bei diesen Subsistenzinputs handelt es sich um marktfreie Güter. Sie erstrecken sich auf drei Kategorien:

1. Eigene Zeit, die aufgewandt werden muss, um handwerkliche, substanzielle, manuelle oder künstlerische Tätigkeiten verrichten zu können.
2. Handwerkliche Kompetenzen sowie Improvisationsgeschick, um Potenziale der Selbstversorgung und Nutzungsdauerverlängerung *eigenhändig* praktizieren zu können.
3. Soziale Beziehungen, ohne die subsistente Gemeinschaftsnutzungen undenkbar sind.

Kreative Subsistenz kann mehrere Input- und Outputkategorien kombinieren. Angenommen, Prosument A lässt sich ein defektes Notebook von Prosument B, der über entsprechendes Geschick verfügt, reparieren und überlässt ihm dafür Bio-Möhren aus dem Gemeinschaftsgarten, an dem er beteiligt ist. Dann gründet diese Transaktion erstens auf sozialen Beziehungen, die Person A sowohl mit B als auch mit der Gartengemeinschaft eingeht, zweitens auf handwerklichen Kompetenzen (A: Gemüseanbau; B: defekte Festplatte erneuern und neues Betriebssystem installieren) und drittens auf eigener Zeit, ohne die beide manuelle Tätigkeiten nicht erbracht werden können. Die Outputs erstrecken sich in diesem Beispiel auf Eigenproduktion (Gemüse), Nutzungsdauerverlängerung (Reparatur des Notebooks) und Gemeinschaftsnutzung (Gartengemeinschaft).

Selbstredend sind auch Subsistenzhandlungen praktikabel, die keiner Ausschöpfung der vollständigen Palette denkbarer Subsistenzinputs und -outputs bedürfen. Wer seinen eigenen Garten bewirtschaftet, die Nutzungsdauer seiner Textilien durch eigene Reparaturleistungen steigert oder seine Kinder selbst betreut, statt eine Ganztagsbetreuung zu konsumieren, nutzt keine sozialen Beziehungen, wohl aber Zeit und »handwerkliches« Können. Die Outputs erstrecken sich in diesem Beispiel auf Nutzungsdauerverlängerung und Eigenproduktion.

Insoweit Subsistenzkombinationen im obigen Sinne Industrieoutput ersetzen, brauchen wir weniger Geld. Eine notwendige Bedingung für geringere Fremdversorgungsniveaus besteht also in einem gleichgewichtigen Verlauf von Industrierückbau und Subsistenzaufbau. So ließe sich die Reduktion an monetärem Einkommen und an Industrieoutput sozial auffangen.

Suffizienz und Zeit

Die im Kapitel V dargestellte kulturelle Rückkopplung, der zufolge Wachstum die Notwendigkeit neuen Wachstums erzeugt, hat weitere negative Wirkungen, zumal Lebenszufriedenheit auch auf zwischenmenschlichen Beziehungen, der Integrität des sozialen Umfeldes, Anerkennung eigener Fähigkeiten, Selbstwirksamkeit, Gesundheit, Sicherheit sowie auf einer als intakt empfundenen Umwelt gründet. Eine Glück stiftende Ausschöpfung derartiger Potenziale erfordert kein Geld, sondern Zeit. Andererseits bedeutet die Finanzierung eines immer höheren materiellen Lebensstandards eine Maximierung der Erwerbsarbeit. Folglich verbleibt weniger Zeit für marktfreie, vormals in Eigenarbeit ausgeführte Tätigkeiten, wie zum Beispiel die Kindererziehung, soziales Engagement, die Pflege des Haushalts oder eines Gartens, die nun ebenfalls in Konsumakte bzw. Dienstleistungen umgewandelt und finanziert werden müssen, was abermals den Bedarf an monetär entgoltener Arbeit erhöht und somit Zeit kostet.

Insoweit die Auswahl an Kaufoptionen geradezu explodiert, der Tag aber nach wie vor nur 24 Stunden hat, verschärft sich dieser Konflikt, weil am Ende sogar die Zeit zum Konsumieren knapp wird. Hier liegt der Schlüssel für ein neues Verständnis von Suffizienz, nämlich jenseits des Verzichts. Nicht selten ist die Reduktion oder Rückkehr zum übersichtlichen und beherrschbaren Maß der richtige Weg, um den Nutzen einer Sache oder Aktivität zu optimieren. Was in der Medizin eine bekannte Tatsache ist, gilt für Konsum und Mobilität nicht minder: Eine Substanz, deren Einnahme in geringer Menge eine heilende Wirkung entfaltet, kann bei zu hoher Dosis zum lebensbedrohenden Gift werden.

Damit Konsumaktivitäten überhaupt Nutzen stiften können, muss ihnen ein Minimum an eigener Zeit und Aufmerksamkeit gewidmet werden. Da verfügbare Zeit aus individueller Perspektive nicht gesteigert werden kann, droht eine Eskalation: Ein knappes, nicht vermehrbares Quantum an Zeit muss auf eine immer größere Anzahl von Konsumobjekten verteilt werden. Jedem einzelnen davon wird ein zusehends geringeres Quantum an Zeit zuteil.

Mittlerweile verzetteln wir uns in einer reizüberfluteten Konsumsphäre. Die Menge der zeitaufwendig zu verarbeitenden Neuheiten, Wahlmöglichkeiten und zugehörigen Informationen steigt kontinuierlich. Moderne Gesellschaften haben deshalb ein Stadium erreicht, in welchem längst nicht mehr Kaufkraft, sondern Zeit den Engpassfaktor des individuellen Strebens nach Glück darstellt. Irgendwann ist der Punkt erreicht, an dem gerade noch die Zeit aufgebracht wird, Konsumgüter zu suchen, zu identifizieren, zu vergleichen, zu prüfen, zu kaufen, entgegenzunehmen, unterzubringen – und dann womöglich nicht zu nutzen, einfach weil die dafür notwendige Zeit bereits durch die Summe unzähliger Auswahl- und Kaufhandlungen aufgezehrt wurde. Die Wellen der zeitaufwendig wahrzunehmenden und zu verarbeitenden Neuheiten erreichen uns mühelos über die allgegenwärtige digitale Infrastruktur.

Wir kommen nicht mehr zur Ruhe, denn wo wir stehen, gehen oder auf ein Display schauen, ereilen uns neue Angebote der Selbstverwirklichung, die zur Kenntnis genommen und genutzt werden wollen. Unter dem Regime der Zeitknappheit hat das Wachstum der individuellen Möglichkeiten einen verheerenden Preis, nämlich Oberflächlichkeit – und die macht niemanden glücklich, sondern befördert den Burnout. Viele Verheißungen des modernen Zeitalters sind verwirklicht: Wir sind frei, haben Geld und dürfen ständig darüber entscheiden, wie wir aus unserem Leben das Beste machen. Und ausgerechnet all dies wird nun zum Stressfaktor – was für eine Ironie. Der französische Soziologe Alain Ehrenberg spricht vom »erschöpften Selbst« (2004). Er charakterisiert die Depression als Folge des Scheiterns an einer von allen Zwängen befreiten Selbstentfaltung. Wenn es nicht gelingt, die vielen Optionen und Chancen auszuschöpfen, um maximal glücklich zu sein, droht eine »Tragödie der Unzulänglichkeit«.

Elisabeth von Thadden vermerkte hierzu in einer Ausgabe der *Zeit* (2004): »An den Nebenwirkungen eines Medikaments, das doch glücklich machen soll, lässt sich erkennen, wie unglücklich die Leute sind: Im britischen Trinkwasser ist Prozac nachweisbar, jenes Antidepressivum, dessen Konsum im vergangenen Jahrzehnt von neun Millionen Verschreibungen im Jahr auf 24 Millionen gestiegen ist, allein in England. Die ausgeschiedenen Rückstände des Psychopharmakons, die von den Kläranlagen nicht aufgehalten und über die Kanalisation fortgeschwemmt werden, finden sich nun im Grundwasser. Was dem Wohlbefinden auf die Sprünge helfen sollte, ist zum Gesundheitsrisiko für alle geworden.«

In seinem Buch »Verdammt zum Glück« (2001) bezeichnet Pascal Bruckner die zeitgenössische Überforderung als »Fluch der Moderne« und fragt: »Wie soll man wissen, ob man glücklich ist? Wer legt die Norm fest? Und was soll man denen antworten, die kläglich eingestehen: Ich schaffe es nicht?« Längst grassieren Therapievorschläge, die vom optimierten Zeitmanagement bis zum menschlichen Multitasking reichen. Auch die Ratgeberliteratur boomt – aber die Ratlosigkeit noch mehr. Kein Wunder, zumal die einzige Lösung nur außerhalb der konsumtiven Steigerungslogik zu finden ist.

Hilfe verspricht die Konzentration auf eine überschaubare Anzahl von Optionen, sodass Zeit und Aufmerksamkeit reichen, um diese Dinge lustvoll genießen zu können. Wer sich elegant eines ausufernden Konsum- und Mobilitätsballastes entledigt, ist davor geschützt, im Hamsterrad der käuflichen Selbstverwirklichung orientierungslos zu werden. Laut Angabe des Bundesministeriums für Umwelt besitzt jeder Bundesbürger durchschnittlich 10.000 Gegenstände. Die Befähigung zum eleganten und Glück stiftenden Konsumieren bestünde also darin, sich von Wohlstandsschrott zu befreien, der nur unser Leben verstopft. Suffizienz konfrontiert die verzweifelte Suche nach weiteren Steigerungen von Güterbesitz und Bequemlichkeit mit einer simplen Gegenfrage: Von welchen Energiesklaven, Konsum- und Komfortkrücken ließen sich überbordende Lebensstile und schließlich die gesamte Gesellschaft befreien? Souverän ist nicht, wer viel hat, sondern wer wenig braucht.

Wer in materieller Optionenvielfalt zu versinken droht, verzichtet nicht durch Reduktion, sondern befreit sich von Überflüssigem. Sich klug jener Last zu entledigen, die viel Zeit kostet, aber nur minimalen Nutzen stiftet, führt im Übrigen zu mehr Unabhängigkeit vom volatilen Marktgeschehen, von Geld und Erwerbsarbeit. Die Kunst der Reduktion bedeutet auch Angstfreiheit. Denn wer weniger benötigt, ist auch weniger angreifbar. Wo sich Suffizienz und moderne Subsistenz ergänzen, werden Lebensstile robust. Wer diese Art des Selbstschutzes praktiziert, amüsiert sich nicht nur entspannt über Peak Oil und die nächsten Finanzkrisen, sondern ist gerüstet für eine Postwachstumsökonomie, denn die wäre nur durch einen prägnanten Rückbau des Fremdversorgungssystems erreichbar.

Die Rolle der Unternehmen

Nach dem Rückbau kommt der Umbau. Der verbleibende Rest des industriellen Systems wäre so umzugestalten, dass die Neuproduktion von Gütern, die viel langlebiger und reparaturfreundlicher sein müssten, eher eine untergeordnete Rolle spielt. Der Fokus läge auf dem Erhalt, der Um- und Aufwertung vorhandener Produktbestände, etwa durch Renovation, Optimierung, Nutzungsdauerverlängerung oder Nutzungs-intensivierung. Produzierende Unternehmen (im physischen Sinne) würden zunehmend durch Anbieter abgelöst, die weniger an einer weiteren Expansion der materiellen Objekte als an deren Optimierung und Aufarbeitung orientiert wären. Dies beträfe jene Bereiche der Bestandspflege, mit denen Prosumenten überfordert wären. Kreative Subsistenz und unternehmerische Leistungen könnten sich so ergänzen, um gemeinsam einen konstanten Umfang ökonomischer Fluss- und Bestandsgrößen zu ermöglichen. Der Bedarf an Neuproduktion ließe sich damit minimieren. Herman Daly bezeichnet einen solchen Zustand als »Steady State Economy« (1992).

Aus vielen der vorangegangenen Ausführungen lässt sich schlussfolgern, wie Unternehmen zu einer Postwachstumsökonomie beitragen können:

- Verkürzung von Wertschöpfungsketten und Stärkung kreativer Subsistenz.
- Arbeitszeitmodelle: Maßnahmen, die eine Reduktion

und Umverteilung von Arbeitszeit erleichtern, speisen den Subsistenzinput »eigene Zeit«.
- Lokale und regionale Beschaffung, um Supply Chains zu entflechten.
- Unterstützung von und Teilnahme an Regionalwährungssystemen.
- Direkt- und Regionalvermarktung.
- Entwicklung modularer, reparabler, an Wiederverwertbarkeit und physischer sowie ästhetischer Langlebigkeit orientierter Produktdesigns, um urbane Subsistenzleistungen zu erleichtern.
- Prosumenten-Management: Unternehmen könnten über die Herstellung von Produkten und Dienstleistungen hinaus Kurse oder Schulungen anbieten, um Nutzer zu befähigen, Produkte instand zu halten, zu warten und zu reparieren.

Durch Renovationsstrategien des Typs »Umbau statt Neubau« würde aus vorhandenen Gütern und Infrastrukturen weiterer Nutzen extrahiert, indem diese funktional und ästhetisch an gegenwärtige Bedürfnisse angepasst würden und somit möglichst lange im Kreislauf einer effizienten Verwendung verblieben. Märkte für gebrauchte, aufgearbeitete und überholte Güter würden ebenfalls zur Verringerung der Neuproduktion beitragen. Derartige »stoffliche Nullsummenspiele« verkörpern die physisch-materielle

Dimension von Wachstumsneutralität. Sie umfassen zwei Perspektiven:

- Veränderungen konzentrieren sich auf eine Umnutzung, Aufwertung oder Rekombination der bereits in Anspruch genommenen ökologischen Ressourcen und geschaffenen Objekte. Stoffliche Additionen werden minimiert.
- Wenn es zu einer Addition materieller Objekte oder Inanspruchnahme ökologischer Kapazitäten kommt, muss dies mit einer Subtraktion verbunden sein, durch die andernorts im selben Umfang Ressourcen und Räume freigegeben werden.

Unternehmen, die an stofflichen Nullsummenspielen orientiert sind, wären erkennbar als:

Instandhalter, die durch Maßnahmen des Erhalts, der Wartung, der vorbeugenden Verschleißminderung und Beratung die Lebensdauer und Funktionsfähigkeit eines möglichst nicht expandierenden Hardwarebestandes sichern;

Reparaturdienstleister, die defekte Güter davor bewahren, vorzeitig ausrangiert zu werden;

Renovierer, die aus vorhandenen Gütern weiteren Nutzen extrahieren, indem sie diese funktional und ästhetisch an gegenwärtige Bedürfnisse anpassen;

Umgestalter, die vorhandene Infrastrukturen und Hardware rekombinieren, konvertieren oder dergestalt umwidmen, dass ihnen neue Nutzungsmöglichkeiten entspringen;

Provider von Dienstleistungen, die in geeigneten Situationen bislang eigentumsgebundene Konsumformen durch Services substituieren;

Intermediäre, die durch eine Senkung der Transaktionskosten des Gebrauchtgüterhandels dafür sorgen, dass Konsum- und Investitionsgüter möglichst lange im Kreislauf einer effizienten Verwendung belassen werden, und schließlich

Designer, die das zukünftig geringere Quantum an neu produzierten materiellen Objekten auf Dauerhaftigkeit und Multifunktionalität ausrichten.

Was wäre eine Postwachstumspolitik?

Insoweit die Postwachstumsökonomie aus einem schrittweisen Rückbau industriell-arbeitsteiliger Versorgungssysteme und Infrastrukturen resultieren würde, könnte diese Transformation durch diverse Rahmenbedingungen unterstützt werden. Geld- und Finanzmarktreformen könnten systemimmanente Wachstumszwänge mildern, um zu verhindern, dass nach Erreichen eines ökologisch übertragbaren Versorgungsniveaus abermals eine unkontrollierbare Wachstumsdynamik einsetzt. Neben der von Attac geforderten Finanztransaktionssteuer erscheinen weitere Regulierungen sinnvoll. Eine weiterentwickelte Variante des sogenannten »100

Prozent Money-Ansatzes« von Irving Fisher (1935) wäre adäquat, um die praktisch unbegrenzte Geldschöpfung der Geschäftsbanken einzuhegen. Die daran anknüpfende »Vollgeld«-Konzeption von Joseph Huber und James Robertson (2008) sieht insbesondere die Wiederherstellung des staatlichen Vorrechts der Geldschöpfung, die schuldenfreie In-Umlauf-Bringung neu geschöpften Geldes durch öffentliche Ausgaben und die Beendigung jeglicher Bankengeldschöpfung vor.

Dieser Ansatz schließt nicht aus, parallel dazu die bereits genannten Regionalwährungen zu stärken. Weiterhin wären Genossenschaftsbanken vonnöten, die durch Transparenz, demokratische Mitgestaltungsmöglichkeiten und eine sozialökologische Orientierung weniger zins- und renditeträchtige Kapitalbeschaffung unterstützen. Überhaupt sind veränderte Unternehmensformen, etwa Genossenschaften, Stiftungen, Non-Profit-Firmen oder Ansätze des solidarischen Wirtschaftens von Bedeutung, die strukturell Gewinnerwartungen dämpfen können.

Ansätze einer Bodenreform wären ebenfalls ein wichtiges Element. Boden ist kein von einzelnen Akteuren produziertes Gut, sondern eine endliche Ressource, die einer Generation von Nutzern von der jeweils vorangegangenen übergeben wurde. Grund und Boden sollten deshalb allen Menschen zur Verfügung stehen, was nicht gelingt, wenn es hier zu Konzentrationen von privatem Eigentum in den Händen weniger kommt. Im Falle einer solchen Reform könnten private Investoren nicht Eigentümer, sondern nur Pächter der Ressource werden. Auf diese Weise würden Spekulationsgewinne vermieden. Nutzer könnten sich nicht an Wertsteigerungen der Ressource bereichern. Damit würde die sogenannte »Bodenrente« ganz oder teilweise abgeschöpft und könnte an die Gesellschaft zurückverteilt werden. Natürlich würde die Vergabe der Nutzungsrechte an der Ressource mit einer ökologisch vertretbaren Obergrenze versehen.

Besonders interessant scheint auch der sogenannte »Sky Trust« (2001) von Peter Barnes als umweltpolitische Alternative zu sein. Hier geht es darum, dass Unternehmen das Recht zu emittieren, von der Gesellschaft oder Gemeinschaft ersteigern müssen.

Der skandalöse Subventionsdschungel (Bauindustrie, Verkehr, Industrie, Landwirtschaft etc.) müsste durchforstet werden, um gleichermaßen ökologische Schäden und die öffentliche Verschuldung zu reduzieren. So würden zudem finanzielle Mittel frei, die einen Teil der Staatseinnahmen kompensieren könnten, die infolge des Industrierückbaus zwangsläufig entfallen müssten. Im Saldo verblieben dann genug Mittel für essentielle staatliche Aufgaben, insbesondere in den Bereichen Soziales, Gesundheit und Bildung.

Die überaus schädlichen Subventionen entpuppen sich zumeist als verzweifelter Versuch, eine Wachstumsmaschine in Gang zu halten, die sonst nicht mehr funktionsfähig wäre.

Daher müsste die Politik, wenn sie eine Postwachstumsökonomie anstreben würde, anstelle einer Vollbremsung zunächst nur den Fuß vom Gaspedal nehmen. Im Übrigen wäre die Verschuldungsproblematik ohne Wirtschaftswachstum lösbar, wenn dies im Rahmen des von Harald Spehl vorgeschlagenen Lastenausgleichs erfolgte.

Unabdingbar wären ein striktes Moratorium für jegliche Projekte, die zur weiteren Versiegelung von Boden führen oder Landschaften antasten, sowie Rückbauprogramme für Infrastrukturen. Selbstredend sind dies zuvorderst nukleare und auch fossile Kraftwerke. Der momentan mehr oder weniger unbemerkte Ausbau von Kohlekraftwerken wäre unbedingt zu stoppen. Ein Teil der Industrieanlagen, Autobahnen, Parkplätze und Flughäfen (die absehbar größten Klimakiller) wären in prägnantem Umfang stillzulegen, zurückzubauen und so weit wie möglich zu renaturieren. Andernfalls können dort Anlagen zur Nutzung erneuerbarer Energien installiert werden, um die katastrophalen Flächen- und Landschaftsverbräuche dieser Technologien zu mindern. Ganz im Sinne stofflicher Nullsummenspiele wäre der weitere Ausbau von Kapazitäten zur Energieerzeugung oder -speicherung somit daran zu koppeln, die benötigten Flächen ausschließlich durch Stilllegung und Rückbau anderer Infrastrukturen bereitzustellen. Eine Ressourcenpolitik, die auch allen sonstigen ökologischen Verbräuchen eine Obergrenze setzt, entspräche einer weiteren unabdingbaren Flankierung.

Auch der Erziehungs- und Bildungssektor wäre zu entrümpeln und den Bedingungen einer Postwachstumsökonomie anzupassen. In den begüterten Mittelschichtfamilien, erst recht aber in allen Bildungseinrichtungen trainieren wir jungen Menschen Praktiken des Überflusses und einer globalen Mobilität an, die ökologisch ruinöser sind als alles, was vorherige Generationen sich jemals erlauben konnten. Zugleich wird damit systematisch das Potenzial für Enttäuschung, Schmerz und Gewalt maximiert: Was nämlich, wenn dieser auf unbändigem Fortschrittsoptimismus gründende Lebensstil plötzlich nicht mehr aufrechtzuerhalten ist? Wie werden diese Heerscharen von Nachwuchshedonisten, wenn ihnen außer abstraktem Wissen nur iPad-Kompatibilität und globale Entgrenzung als Lebenskunst vermittelt worden ist, dann wohl reagieren?

Sinnvoll könnte eine Akzentverlagerung von der abstrakten zur handwerklichen Befähigung und Sesshaftigkeit sein. Kinder und Jugendliche benötigen das Rüstzeug dafür, ein verantwortbares Leben innerhalb ökologischer Grenzen zu gestalten. Die Verankerung einer Nachhaltigkeitsbildung als Pflichtfach, und zwar aufbauend auf der bereits angesprochenen Subjektorientierung, wäre dabei das Mindeste. Wer im 21. Jahrhundert nicht einmal in der Lage ist, sein eigenes Leben im Hinblick auf globale Übertragbarkeit zu reflektieren, kann niemals zur nachhaltigen Entwicklung, geschweige denn zur Postwachstumsökonomie beitragen.

Nicht nur daran anknüpfend, sondern ganz im Sinne einer Lebensstilpolitik könnten Unternehmen verpflichtet werden, alle Produkte und Dienstleistungen mit dem CO_2-Footprint oder ökologischen Fußabdruck entlang des gesamten Lebenszyklus zu kennzeichnen. Erwägenswert wären Einschränkungen oder (punktuelle) Verbote von Werbung, speziell im öffentlichen Raum und überall dort, wo Kinder und Jugendliche betroffen sind.

Die Verteilungs- und Steuerpolitik könnte unter anderem Obergrenzen für Einkommen und Vermögen umfassen. Entscheidend sind Maßnahmen, die Arbeitszeitverkürzungen und -umverteilungen sowohl im privaten als auch öffentlichen Sektor erleichtern. Für die Phase des Übergangs zu einer Postwachstumsökonomie kann es für die Sozialpolitik erforderlich werden, geeignete Formen eines Bürgergeldes oder Grundeinkommens zu entwickeln. Dieses wäre jedoch an gemeinnützige Tätigkeiten und Bedürftigkeit geknüpft.

Die Auflistung aller geeigneten Maßnahmen einer Postwachstumspolitik würde den vorliegenden Rahmen sprengen. Deshalb wurden hier nur die wichtigsten Ansatzpunkte benannt.

Abgesehen davon dürfte eine Postwachstumsökonomie ohnehin jeden politischen Akteur überfordern, solange die Systemlogik zeitgenössischer Konsumdemokratien durch einen Überbietungswettbewerb in Bezug auf weitere Freiheits- und Wohlstandsversprechungen gekennzeichnet ist. Dementsprechend hat das Festhalten an der sogenannten Macht- oder Systemfrage bislang nur in eine Sackgasse geführt.

Einem Überfluss an wohlfeilen politischen Forderungen, die die Welt retten, verbessern oder gerechter machen sollen, stehen umso eklatantere Defizite an gelebten sozialen Praktiken gegenüber, die mit der Situation vereinbar wären, die dann resultierte, wenn der geforderte Wandel einträte. Wenn wir die im Kapitel IV begründete These ernst nehmen, wonach keine technischen Lösungen für das Wachstumsproblem in Sicht sind, verbleiben allein Reduktionsstrategien. Davon würden unsere Lebensstile unweigerlich angetastet. Aber wer wählt eine Politik, die eine weitere Ausübung des eigenen, nicht zur Disposition gestellten Lebensstils in Frage stellen würde? Daraus folgt erstens, dass taugliche Gesellschaftskritik – zumindest im Kontext der Postwachstumsökonomie – zuvorderst die Lebensstilfrage thematisieren muss, ohne deshalb politische Forderungen auszublenden. Zweitens sind wachstumskritische Zukunftsentwürfe, deren Umsetzung auf Gedeih und Verderb von politischen Weichenstellungen abhängig sind, reine Zeitverschwendung. Keine demokratisch gewählte Regierung eilt einem gesellschaftlichen Wandel voraus, sondern immer nur hinterher, um kein Risiko einzugehen. Folglich können wir uns die Folgen des notwendigen Wandels nicht länger vom Hals halten, indem wir sie bequem an die Politik oder Technik delegieren. Politische Entscheidungsträger werden sich erst zu einer Postwachstumspolitik ermutigt fühlen, wenn sie hinreichend glaubwürdige Signale für die Bereitschaft und Fähigkeit der Gesellschaft empfangen, diesen Wandel auch auszuhalten.

Fazit
Wir haben (noch) die Wahl!

Es versteht sich von selbst, dass die hier skizzierte Postwachstumsökonomie momentan bestenfalls einer Minderheit akzeptabel erscheint. Die Transition Town-, Urban Gardening- oder Repair-Bewegung sind Beispiele für Pionierleistungen, die zumindest einiges von dem vorwegnehmen, was absehbar auch auf den Rest der Gesellschaft zukommen dürfte. Der seit vier Jahrzehnten kontinuierlich thematisierte Bewusstseins- oder Kulturwandel, ohne den der Übergang zu einer bescheideneren Ausformung von Wohlstandserwartungen nicht zu schaffen sei, verweist auf eine Gespensterdebatte – so als verfügten wir über eine Alternative. Die immens gewachsene Verletzlichkeit einer fremdversorgten und wachstumsabhängigen Existenzform lässt seine bevorstehende Überwindung so wahrscheinlich werden, dass die Frage lediglich noch lauten kann, ob dies »by design or by desaster« geschehen wird.

Ein auf mehrfacher Entgrenzung basierender Konsum-

und Mobilitätsstil ist weder ökonomisch zu stabilisieren noch ökologisch zu legitimieren. Wer heute noch Wachstum propagiert, muss an nicht weniger als zwei Entkopplungswunder glauben, nämlich hinsichtlich knapper Ressourcen und ökologischer Schäden. Hinter der bequemen Vision eines »grünen Wachstums« verbirgt sich nicht nur eine fortschrittstrunkene Realitätsferne, sondern auch ein moralisches Problem: Wie können wir das Schicksal der Menschheit allen Ernstes zum Spielball technischer Fortschrittswellen machen, die noch gar nicht eingetreten sind und von denen sich nicht beweisen lässt, dass sie je eintreten, geschweige denn die benötigten Problemlösungen zu liefern imstande sind, statt sich am Ende womöglich nur als Verschlimmbesserung zu entpuppen?

Im Gegensatz dazu zielt die hier skizzierte Postwachstumsökonomie darauf, zur Verantwortbarkeit ökonomischen Handelns zurückzukehren. Dies setzt den Rückbau eines Wohlstandsmodells voraus, das auf nichts anderem als ruinöser Entgrenzung beruht und somit auch nicht damit zu rechtfertigen ist, dass es das »verdiente« Ergebnis menschlicher Schaffenskraft darstellt. Folglich geht es darum, die Kunst der Reduktion als veritables Gestaltungsprinzip zu rehabilitieren – sowohl bezogen auf die Gesellschaft insgesamt als auch auf den eigenen Lebensstil. Demnach ist eine Postwachstumsökonomie in erster Linie kein Unterfangen des zusätzlichen Bewirkens, sondern des kreativen Unterlassens.

Wir sind so fixiert auf Problemlösungen, die darin bestehen, *zusätzliche* Dinge in die Welt zu bringen, dass wir ein simples Faktum übersehen: Reduktionen und selbstbegrenzende Handlungsmuster haben den Charme, weder Kapital noch Neuerfindungen, noch politische Weichenstellungen zu benötigen. Sie sind in aller Regel voraussetzungslos und kosten nichts – mehr noch: Sie sparen sogar Geld. Die günstigste und zugleich ökologischste Flugreise ist noch immer die, die nicht stattfindet. Das gilt für Handys, Flachbildschirme, Häuser, Autobahnen und Agrarsubventionen nicht minder. Pures Weglassen ist überall, unilateral und kurzfristig umsetzbar. Dieser Strategietyp ist derart naheliegend und einfach umzusetzen, dass wir uns vermutlich gerade deshalb so schwer damit tun. Maßnahmen, die nichts kosten, nicht innovativ sind, kein neues Gesetz benötigen und für deren Umsetzung niemand einen Hochschulabschluss braucht, müssen uns wohl verdächtig vorkommen. Sie erschüttern ein verkrampftes Weltbild, das nur Fortschritt und zusätzliche Freiheiten als Problemlösung anerkennt, somit die Folgen der Entgrenzung mit weiterer Entgrenzung beantwortet.

Ein weiteres Element der Postwachstumsökonomie besteht in Vorkehrungen, die den Rückbau der arbeitsteiligen Industriegesellschaft sozial abfedern. Die damit angesprochene Resilienz, also Robustheit, umfasst neben der Erleichterung um all das, was abhängig und verletzlich macht, den Aufbau von Souveränität und die gerechte Verteilung der noch verbleibenden Erwerbsarbeit. Versorgungsmuster werden stabil, wenn sie maßvoll, dezentral, vielfältig sind und auf möglichst kurzen Distanzen zwischen Ressourcenextraktion und Verbrauch beruhen. Die kürzeste Distanz entspräche moderner Subsistenz.

Könnte ein solches von Überfluss befreites Dasein, bestehend aus einem monetär entlohnten 20-Stunden-Job, ergänzt um reichhaltige Subsistenzpraktiken, glücklich machen – sodass es sich lohnt, schon vorsorglich damit zu beginnen? Eine Beantwortung steht zunächst unter dem Vorbehalt, dass empfundenes Glück wohl auch eine Interpretationsleistung ist. Diese speist sich erstens aus Erwartungshorizonten, basierend auf subjektiven Erfahrungen, und zweitens aus den geteilten Sinnzuschreibungen innerhalb des relevanten sozialen Umfeldes. Lassen wir dies beiseite, so können etliche Gründe für eine Bejahung der Frage genannt werden.

- Möglichst viel Fremdversorgungsballast abzuwerfen, der bedürftig und beherrschbar macht, befreit von Angst vor einer zusehends unsicheren Zukunft. Wenig zu brauchen und möglichst viel davon eigenhändig oder mit anderen gestalten zu können, ist ein Ausweis von Stärke und ökonomischer Souveränität.
- Auch die kaum noch zu bewältigende Reizüberflutung, die uns über alle Kommunikationskanäle ereilt,

ließe sich in einer einfacheren und überschaubareren Welt mildern. Dies erlaubt konzentrierten Genuss anstelle fader Oberflächlichkeit.

- Moderne Subsistenz verschafft Erfolgserlebnisse und erfahrbare Selbstwirksamkeit, insbesondere durch Eigenproduktion, die Reparatur eines Gegenstandes oder künstlerisches Tätigsein. Vollendete Ergebnisse eigenen Schaffens, die auch als solche sinnlich wahrnehmbar sind, unterscheiden sich positiv von der Flüchtigkeit abstrakter Leistungsbeiträge innerhalb der arbeitsteiligen Produktion.
- Weniger kaufen, dafür mehr mit anderen gemeinsam organisieren, tauschen, nutzen oder produzieren bedeutet, das Ökonomische wieder in das Soziale einzubetten. Verlässlichkeit und stabiler sozialer Zusammenhalt können an die Stelle von Vereinzelung treten. Wenn einfache und manuelle Verrichtungen wieder ihren Stellenwert haben, gelingt es, jene zu integrieren, die andernfalls mangels Geld, Bildung oder kommunikativer Fähigkeiten ausgegrenzt werden. Dies verleiht denjenigen Personen mehr Würde, deren Beiträge im spezialisierten Leistungswettbewerb nicht mehr gefragt sind.
- Krasse Ausprägungen von sozialer Ungleichheit sind eine logische Konsequenz des Fremdversorgungsmodells. Denn grenzenlos vermehrbar sind nur geld-

werte Leistungen, entsprechend grenzenlos können Einkommens- und Vermögensunterschiede anwachsen. Ein hoher Anteil des Wohlstandes, der nicht mehr auf Geld, sondern auf eigenhändiger Schaffenskraft beruht, nivelliert materielle Ausstattungsunterschiede. Und wir wissen längst: Verteilungsungerechtigkeit ist jedem Glück abträglich.

Aber das momentan hoch gehandelte Glück als letzte Instanz oder Zielgröße allen Wirtschaftens lässt eine entscheidende Frage offen, nämlich die nach Verantwortung. Ist auf eine alleinige Rechtfertigung anhand menschlichen Glücks – Dinge oder Gesellschaften als Ganzes können wohl kaum wie Glück empfindende Subjekte behandelt werden – wirklich Verlass? Oder besteht nach dieser Maßgabe nicht die Gefahr, dass sich über die Hintertür wieder ein Glücksstreben einschleicht, das alle Mittel heiligt, womit wir zum Ausgangsproblem zurückgekehrt wären?

Hier könnte es hilfreich sein, die Kategorie eines aufgeklärten Glücks in Betracht zu ziehen. Dieses wäre untrennbar mit dem Bewusstsein verbunden, Glück stiftende Lebenskunst innerhalb eines verantwortbaren, also nicht entgrenzten Handlungsrahmens zu praktizieren. Wer nicht über seine ökologischen Verhältnisse lebt, sondern ein kerosin- und auch sonst plünderungsfreies Glück genießt, muss nicht ständig neue Ausreden erfinden. Wie viel Selbstbetrug ist nötig, um mit Dingen glücklich zu werden, von denen ich wissen kann, dass ich sie – gemessen an meinem Bewusstsein für globales Wohlergehen – nie verantworten könnte? Ist Glück, das nicht ehrlich sein kann, weil es das Aushalten oder Verdrängen von ständig neuen Widersprüchen abverlangt, nicht letztlich ein Unding? Demnach würde aufgeklärtes Glück voraussetzen, nicht nur zu genießen, sondern dabei mit sich selbst im Reinen zu sein. Dafür böte die Postwachstumsökonomie neben ihren sonstigen Potenzialen eine ideale Grundlage. Also worauf warten wir noch?

Die Postwachstums-ökonomie im Überblick
(Grafik)

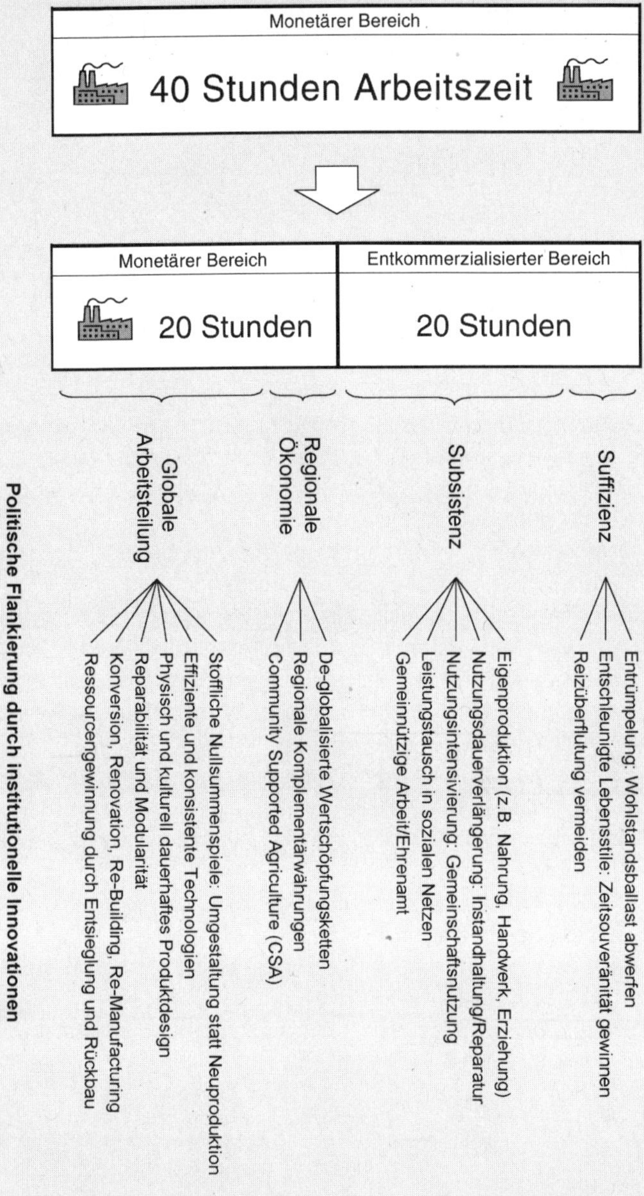
Monetärer Bereich
40 Stunden Arbeitszeit
Monetärer Bereich
20 Stunden
Entkommerzialisierter Bereich
20 Stunden
Suffizienz
Entrümpelung: Wohlstandsballast abwerfen
Entschleunigte Lebensstile: Zeitsouveränität gewinnen
Reizüberflutung vermeiden
Subsistenz
Eigenproduktion (z.B. Nahrung, Handwerk, Erziehung)
Nutzungsdauerverlängerung: Instandhaltung/Reparatur
Nutzungsintensivierung: Gemeinschaftsnutzung
Leistungstausch in sozialen Netzen
Gemeinnützige Arbeit/Ehrenamt
Regionale Ökonomie
De-globalisierte Wertschöpfungsketten
Regionale Komplementärwährungen
Community Supported Agriculture (CSA)
Globale Arbeitsteilung
Stoffliche Nullsummenspiele: Umgestaltung statt Neuproduktion
Effiziente und konsistente Technologien
Physisch und kulturell dauerhaftes Produktdesign
Reparabilität und Modularität
Konversion, Renovation, Re-Building, Re-Manufacturing
Ressourcengewinnung durch Entsieglung und Rückbau
Politische Flankierung durch institutionelle Innovationen

Zitierte und weiterführende Literatur

Binswanger, Hans Christoph: Vorwärts zur Mäßigung. Perspektiven einer nachhaltigen Wirtschaft. Hamburg 2009.

Dahm, Daniel & Gerhard Scherhorn: Urbane Subsistenz. Die zweite Quelle des Wohlstands. München 2008.

Daly, Herman E.: Wirtschaft jenseits von Wachstum. Die Volkswirtschaftslehre nachhaltiger Entwicklung. Salzburg/München 1999.

Diefenbacher, Hans & Roland Zieschank: Woran sich Wohlstand wirklich messen lässt. Alternativen zum Bruttoinlandsprodukt. München 2011.

Ehrenberg, Alain: Das erschöpfte Selbst. Frankfurt am Main 2004.

Georgescu-Roegen, Nicolas: The Entropy Law and the Economic Process. Cambrigde/London 1971.

Gronemeyer, Marianne: Die Macht der Bedürfnisse. Überfluss und Knappheit. Darmstadt 2002 [1988].

Heinberg, Richard: Peak Everything: Waking Up to the Century of Declines. Gabriola Island 2007.

Hopkins, Rob: The Transition Handbook: From Oil Dependency to Local Resilience. Totnes, Devon 2008.

Illich, Ivan: Selbstbegrenzung. Eine politische Kritik der Technik. München 1986 u.ö. [1973].

Jackson, Tim: Wohlstand ohne Wachstum. Leben und Wirtschaften in einer endlichen Welt. München 2011.

Kohr, Leopold: Das Ende der Großen. Zurück zum menschlichen Maß. Salzburg 2002 [1957/1986].
Latouche, Serge: Farewell to Growth. Hoboken 2006.
Miegel, Meinhard: Exit – Wohlstand ohne Wachstum. Berlin 2010.
Müller, Christa (Hrsg.): Urban Gardening. Über die Rückkehr der Gärten in die Stadt. München 2011.
Paech, Niko: Nachhaltiges Wirtschaften jenseits von Innovationsorientierung und Wachstum. Marburg 2005.
Pfriem, Reinhard: Unternehmenspolitik in sozialökologischen Perspektiven. Marburg 1996.
Sachs, Wolfgang: Nach uns die Zukunft. Der globale Konflikt um Gerechtigkeit und Ökologie. Frankfurt am Main 2002.
Scherhorn, Gerhard: Nachhaltige Entwicklung: Die besondere Verantwortung des Finanzkapitals. Erkelenz 2008.
Schumacher, Ernst Friedrich: Die Rückkehr zum menschlichen Maß. Alternativen für Wirtschaft und Technik. Heidelberg 2001 [1973].
Seidl, Irmi & Angelika Zahrnt (Hrsg.): Postwachstumsgesellschaft. Konzepte für die Zukunft. Marburg 2010.
Stengel, Oliver: Suffizienz. Die Konsumgesellschaft in der ökologischen Krise. (Wuppertaler Schriften Band 1) München 2011.
WBGU (Wissenschaftlicher Beirat der Bundesregierung Globale Umweltveränderungen): Kassensturz für den Weltklimavertrag – Der Budgetansatz (Sondergutachten). Berlin 2009.
Wuppertal Institut für Klima, Umwelt, Energie: Zukunftsfähiges Deutschland in einer globalisierten Welt. Frankfurt am Main 2008.

Dank

Ein Buch schreibt man niemals allein. Ich möchte daher allen danken, die zu seinem Gelingen beigetragen haben. Mein besonderer Dank gilt Prof. Uwe Schneidewind vom Wuppertal Institut, der mich zu diesem Projekt angeregt und ermutigt hat. Für die finanzielle Förderung der englischen Fassung, die in Kürze im oekom verlag erscheinen wird, danke ich der »Vereinigung der Freunde des Wuppertal Instituts«. Mein besonderer Dank gilt ferner meinem Lektor Dr. Manuel Schneider für seine konstruktiven Hinweise und seine unermüdliche Arbeit am Manuskript; darüber hinaus meinem Bruder Björn Paech für die zahlreichen Korrekturschleifen und last, but not least allen Mitarbeitern des oekom verlags.

Über den Autor

Niko Paech

ist einer der bedeutendsten deutschen Wachstumskritiker – und er ist authentisch, denn er lebt seine Vision einer »entschleunigten und entrümpelten Welt«. Der Volkswirtschaftler ist seit 2010 außerplanmäßiger Professor am Lehrstuhl für Produktion und Umwelt an der Universität Oldenburg. Als Vorsitzender der Vereinigung für Ökologische Ökonomie (VÖÖ) und Mitglied des wissenschaftlichen Beirats von Attac genießt er einen hohen Bekanntheitsgrad und findet bei einer breiten Öffentlichkeit Gehör.